# 给忙碌青少年讲生命进化

## 从达尔文进化论到当代基因科学

[英]《新科学家》杂志　编著

罗妍莉　译

天津出版传媒集团

天津科学技术出版社

著作权合同登记号：图字 02-2020-385

Copyright © *New Scientist* 2017

Simplified Chinese edition copyright © 2021 by United Sky (Beijing) New Media Co., Ltd.
All rights reserved.

## 图书在版编目（CIP）数据

给忙碌青少年讲生命进化：从达尔文进化论到当代
基因科学 /《新科学家》杂志编著；罗妍莉译. -- 天
津：天津科学技术出版社，2021.5（2024.8重印）
　书名原文：How Evolution Explains Everything
About Life
　ISBN 978-7-5576-8971-1

　Ⅰ.①给… Ⅱ.①新… ②罗… Ⅲ.①进化论－青少
年读物 Ⅳ.①Q111-49

中国版本图书馆CIP数据核字(2021)第062792号

给忙碌青少年讲生命进化：从达尔文进化论到当代基因科学
GEI MANGLU QINGSHAONIAN JIANG SHENGMING JINHUA：
CONG DAERWEN JINHUALUN DAO JIYIN KEXUE

选题策划：联合天际
责任编辑：布亚楠

出　　版：天津出版传媒集团
　　　　　天津科学技术出版社
地　　址：天津市西康路35号
邮　　编：300051
电　　话：（022）23332695
网　　址：www.tjkjcbs.com.cn
发　　行：未读（天津）文化传媒有限公司
印　　刷：天津联城印刷有限公司

关注未读好书

客服咨询

开本 710×1000　1/16　印张16　字数177 000
2024年8月第1版第3次印刷
定价：58.00元

# 系列介绍

关于有些主题，我们每个人都希望了解更多，对此，《新科学家》（New Scientist）的这一系列书籍能给我们以启发和引导，这些主题具有挑战性，涉及探究性思维，为我们打开深入理解周围世界的大门。好奇的读者想知道事物的运作方式和原因，毫无疑问，这系列书籍将是很好的切入点，既有权威性，又浅显易懂。请大家关注本系列中的其他书籍：

《给忙碌青少年讲太空漫游：从太阳中心到未知边缘》

《给忙碌青少年讲人工智能：会思考的机器和 AI 时代》

《给忙碌青少年讲脑科学：破解人类意识之谜》

《给忙碌青少年讲粒子物理：揭开万物存在的奥秘》

《给忙碌青少年讲地球科学：重新认识生命家园》

《给忙碌青少年讲数学之美：发现数字与生活的神奇关联》

《给忙碌青少年讲人类起源：700 万年人类进化简史》

# 撰稿人

这本书基于以前在《新科学家》杂志上发表的文章和特别委托的章节。它由一系列专家撰写。

编辑：艾莉森·乔治，《新科学家》的"科学超话"系列专家编辑。艾莉森拥有生物化学博士学位，曾在英国南极调查局担任微生物专家。

艾德里安·伯德，爱丁堡大学的遗传学教授。

苏·布莱克莫尔，心理学家、讲师、作家，研究意识、模因和反常经历，普利茅斯大学客座教授。

彼得·鲍勒，贝尔法斯特女王大学（Queen's University Belfast）研究进化论的科学史学家和名誉教授。

李·阿兰·杜卡金，路易斯维尔大学生物科学教授。

史蒂夫·琼斯，伦敦大学学院人类遗传学荣誉教授。

凯文·拉兰德，圣安德鲁斯大学行为与进化生物学教授。

乔治·特纳，班戈大学动物学教授，专门研究慈鲷鱼的生物学和进化。

大卫·斯隆·威尔逊，伯明翰大学生物科学和人类学教授。

约翰·范·维赫，新加坡国立大学的科学史学家，也是达尔文在线（darwin online.org.uk）的创始人。

也感谢以下作者和编辑：

克莱尔·安斯沃斯、科林·巴哈斯、迈克尔·布克斯、马克·布坎南、迈克尔·肖斯特、鲍勃·赫尔姆斯、罗曼·奥佩尔、丹·琼斯、西蒙·英斯、雪莉·英尼斯·格雷厄姆·劳顿、迈克尔·勒·佩奇、艾莉森·皮尔斯、保罗·雷尼、佩妮·萨切特、约翰·沃勒。

# 前言

"有一个普遍规律引导着一切有机生物的进步，那就是繁殖、变化，让最强壮的存活，让最弱小的死亡。"

在 1859 年出版的《物种起源》（*On the Origin of Species*）中，查尔斯·达尔文（Charles Darwin）如是写道。在这本书里，他概述了生命之所以多种多样、生物能很好适应其环境的原因：自然选择导致的进化。

我们已经知道了进化这一盲目、残酷、无目的性的过程，如何在过去的 38 亿年里把一个曾经荒芜的星球变得丰富多彩，让它拥有了如今围绕在我们身边的各种植物、动物、真菌和微生物。我们也明白了简单的进化过程，如何制造出了从翅膀、眼睛到生物计算机、太阳能板这类令人惊诧的复杂构造。

但是，达尔文以及与他同时构想出进化论的阿尔弗雷德·拉塞尔·华莱士（Alfred Russel Wallace），不只是为生命的多样性提供了解释。他们还颠覆了人类把自身视为上帝特殊造物这一观点，表明我们不过是生命这棵大树上一根小分枝，所有生命都起源自同一个祖先。

这些见解并没有随着时间的流逝而过时，反而因此得到了扩充。20 世纪三四十年代，遗传学这门全新的学科被纳入进化理论后，又触发了一场革命。现在，我们在理解进化时，会从基因传播的角度来思考。

这本入门书探索了进化的内在运作机制，并考量了由此引出的棘手问题。生命的出现是某种必然，还是一次意外？又是如何开始的？它有目的或方向吗？本书还着重介绍了生命最伟大的创造（和错误），并探讨了利他主义特征的进化过程——这个在 150 多年前就由达尔文首次讨论过的棘手问题，至今仍然备受关注。

不过，达尔文和华莱士关于自然选择导致进化的基本观点，虽然经受住了时间的考验，但一些生物学家认为，随着我们对进化的复杂性有了更多的了解，生命理论将需要一场新的革命。

本书会给读者带来目前最新的信息，让大家了解进化论这门科学的过去、现在和未来，以及进化的有趣含义。

艾莉森·乔治

# 目录

❶ 达尔文的发现   1

❷ 进化论究竟是什么?   23

❸ 达尔文与 DNA : 遗传学如何推动理论的进化   33

❹ 生命是如何开始的   59

❺ 自然界最伟大的创造   85

❻ 神话与误解   107

❼ 更深入的研究   123

❽ 进化之问   149

❾ 无私行为的进化   167

❿ 回顾《物种起源》   189

⓫ 进化的未来   205


结语   221

进化论思想 50 条   223

名词表   239

# 1

# 达尔文的发现

　　100 多年前，人们还认为是上帝创造了所有的物种。1858 年，这种情况发生了变化，查尔斯·达尔文和阿尔弗雷德·拉塞尔·华莱士的著作无可辩驳地表明，人类不过是另一种动物，在一棵生命大树上占据着一根小树枝。达尔文究竟是如何构思出进化论的？他的理论建立在哪些思想基础上？华莱士的功劳被抢走了吗？这一观念又给当时的基督教社会带来了多大的震撼？

# 进化革命

长期以来，信奉基督教的欧洲人一直认为，世界大约有 6000 年的历史。这一观点其实源于对《圣经》内容的篡改，《圣经》里并没有提及创世的日期。后来随着采矿业的进步和地质学的发展，基督教思想家搜集到了有关地球的全新知识，便在此基础上逐渐改变了这样的信仰。及至 19 世纪初，人们普遍认为，地球不可能只有几千年的历史，而是必定古老得不可思议。

人们还发现，地球曾经随着时间的流逝而有所改变。对岩石和化石的细致研究揭示了不同年代的复杂历史。地质记录中的某一层可能显示的是繁茂的热带植被，生活在其中的爬行动物与当今的任何一种都不同，而在上方紧邻的岩层中，存在的可能又是另一个陆地世界，有着不一样的动植物。为了解释这种情况，1812 年，伟大的法国解剖学家乔治·居维叶（Georges Cuvier）提出了这样一种看法：每一个年代都是由于某种重大的灾难而突然终结的。

另一个谜团是欧洲和美洲发现的巨型动物化石。像猛犸这样的生物今天会生活在哪里？难道它们灭绝了？但根据传统的基督教信仰，这是不可能的，因为上帝不会允许他创造的任何一个物种灭亡。

居维叶在解剖学上的详尽研究一劳永逸地证明，猛犸这样的动物与活在今天的任何一种动物都不一样，而且它们已经灭绝了。对我们来说，物种灭绝只是一个平淡无奇的事实，所以我们可能理解不了这个概念在一开始的时候是多么离经叛道。然而，这一概念在科学界很快便成了几乎公认的事实，只有一位重要人物持有异议，那就是法国博物学家让 - 巴蒂斯特·拉马克（Jean-Baptiste Lamarck）。

## 拉马克学说

在拉马克看来，这些陌生的化石形式没有灭绝，而是发生了改变，进化成了某种别的东西——不过他对这个过程的看法，与后来达尔文提出的看法有所不同（参见"达尔文之前的观点"）。例如，猛犸可能进化成了大象。

### 达尔文之前的观点

生物学教科书在提及拉马克学说时，都将其视作前达尔文进化理论的简称。这一理论认为，物种是通过将生物体在一生中获得的性状遗传下去而进化的。根据这种说法，长颈鹿的脖子是通过故意伸长脖子去够树顶才变长的，这种稍微长了一点的脖子接着又遗传给了它的后代，诸如此类。但这并不是他理论的核心所在。拉马克的核心理念实则认为，生命会趋向于依靠某种"复杂化力量"，在完美程度上不断提升。新物种通过"自然发生"（指生命从无机物质中出现）的方式不断产生，并通过遗传已获得的性状来适应当地的环境。包括达尔文在内的许多博物学家，都仍然认同拉马克的进化观点。

地位举足轻重的居维叶像以前对付敌手那样，借自己的声望打倒了拉马克。结果，在19世纪的前几十年里，包括拉马克理论在内的任何进化学说，都被认为缺乏科学依据、不合常理。虽然拉马克赢得了一些信徒，但更多的人还是接受了居维叶的观点，认为生命年代接连不断地出现，然后又消失了。

但是，先前的物种灭绝后又出现的新物种是从哪里来的？在19世纪30年代初出版的《地质学原理》（*Principles of Geology*）一书中，地质学家查尔斯·莱尔（Charles Lyell）主张，缓慢的地质过程随着时间的流逝而改变了地球。按照莱尔的描述，地球处在无休止的变化之中。随着环境的改变，生活在其中的物种会变得不再适应，并就此灭绝，因为它们通过改变来适应环境的程度是有限的。不过，对于新物种如何产生，莱尔却语焉不详。

莱尔的著作引起了刚从剑桥大学毕业的查尔斯·达尔文的极大兴趣。1831 年，他以博物学家的身份，被派参与了英国皇家海军"贝格尔号"（也称"小猎犬号"）军舰（HMS Beagle）的勘测航行。（与通俗的说法相反，他并不是被请来给船长充当社交伙伴的，而船上的外科医生也不是官方委派的博物学家）在这次为期 5 年的航行中，达尔文成长为他那一代人中最有经验的科学家之一。他主要担任的是地质学家的角色，但也收集了各种各样的生物，从雀类到真菌不一而足。

图 1.1　查尔斯·达尔文的大部分照片是在年老时拍摄的，但在他乘坐"贝格尔号"启航时年仅 22 岁

探险队首先访问了南美，然后又勘测了加拉帕戈斯群岛周围的水域。但直到 20 世纪中叶，达尔文到访此处才被说成是他生命中的关键一刻。他自己从来没有这样讲过。那个有关达尔文注意到雀类的喙适应了不同的饮食，并受此启发提出进化理论的故事，听起来固然迷人，却并非事实。"加拉帕戈斯顿悟时刻"并不存在。

## 关于自然的深刻问题

1836 年，"贝格尔号"返航后，达尔文着手描述堆积如山的标本。他也开始思考一些关于自然、生命和宗教的深刻问题。他逐渐放弃了对基督教的信仰。"没有证据作为支持。"他如是总结道。然而，据我们所知，他始终没有丧失另一种信仰，那种对隐藏在自然背后的某个超自然造物主的信仰。

几种类型的证据使得达尔文接受了物种必然进化的观点。在沿着南美大陆向南航行的旅途中，他观察到相关的物种逐渐互相取代。生活在加拉帕戈斯群岛的物种也令他觉得困惑。这些物种当中，固然有许多是群岛上所特有的，但大多数与南美洲的物种非常相似。然而，加拉帕戈斯群岛是由海洋火山聚集而成的，与南美洲从未相连过，两地的气候也完全不同。

根据莱尔的观点，物种是为了适应新的环境而以某种方式形成的。那么，加拉帕戈斯群岛的物种，不仅仅是那些适于岩石岛屿的物种，为什么和南美洲的物种存在如此明显的相关性呢？达尔文的解释是，这些物种的祖先必定来自南美洲，并随着时间的推移发生了变化。

1838 年，达尔文读到了托马斯·马尔萨斯（Thomas Malthus）的《人口论》（*An Essay on the Principle of Population*，1798 年）。该文认为，人口的持续增长将会导致饥荒和饥饿。达尔文被控制人口增长所引发的巨大影响所震惊，这使他将注意力集中于究竟是什么因素允许某些个体存活，并将自身性状传承下去。

他假设，每一种生物体都在许多微小的方面发生了变异，而在这些变异当中，任何一种有助于生存或有碍于生存的变异都会对何种个体得以生存的最终结果产生影响。后来，他把这个过滤过程称为"自然选择"，将其类比于农民通过挑选理想的繁育个体来改变家养动植物的过程。在选择过程中，他们强化了某些性状，而减少了其他性状（参见"进化论概言"）。

达尔文花了 20 多年的时间才将这些想法公之于世。到 1858 年年初，他已经起草了许多章节，再过一两年的时间就准备出版他那长达数卷的"大部头著作"了。

## 寄自华莱士的文字

然而，1858 年 6 月 18 日，令人惊讶的事情发生了。阿尔弗雷德·拉塞尔·华莱士寄来了一篇文章，概述了一种理论，与达尔文本人的理论几乎一模一样。

华莱士是位才华横溢的收藏家，自 1854 年起就在东南亚开展研究。他私下里始终深信物种必然进化。但是，正如许多现代评论家所说的，他当时显然也没意识到什么是进化机制。随着他收集了成千上万的热带昆虫和鸟类，他的理论观点才逐渐成熟。

1858 年 2 月，在特尔纳特[①]这座香料小岛，发着高烧的华莱士在大汗淋漓地卧床休养期间，构思出一种想法：物种可以通过进化，而自然而然地适应不断变化的世界。这种生与死的过滤过程，与达尔文的自然选择非常相似。等到康复以后，华莱士写下了一篇文章，名为《论生命多样性无限远离原生形态的趋势》（*On the Tendency of Varieties to Depart Indefinitely from the Original Type*）。文章主要针对莱尔反进化论的观点。文章完成不久以后，华莱士恰好收到了达尔文寄来的一封信，信中鼓励他说，华莱士的偶像莱尔也十分欣赏他的研究。于是，华莱士便将这篇文章寄给了达尔文，并请他将其转交给莱尔。

---

① Ternate，印度尼西亚某一南北走向列岛中最北的岛屿，过去曾是丁香种植中心。

华莱士的观点和达尔文本人的观点如此相似，这令达尔文深感震惊。同一天，达尔文把这篇文章寄给了莱尔，同时扼腕叹息他必须在出版自己的作品之前先把这篇文章寄出去发表。作为维多利亚时代的乡间绅士（参见"了解达尔文"），这么做似乎才是君子所为。

**126 000**

华莱士在其马来群岛远征中收集到的标本数量

## 了解达尔文

作为一个提出了革命性思想的人，查尔斯·达尔文过着一种非常宁静的生活。1842年，达尔文和妻子艾玛从伦敦搬到了英格兰南部肯特郡的乡下。当时他们已经有了两个孩子，以后还会再有八个。

达尔文的生活习惯非常规律。他每天早早起床外出散步。早饭后，他会在书房里一直工作到上午九点半，这是他一天当中工作最富成效的一段时间，然后在重新埋头工作之前，他会躺在沙发上浏览信件。

中午的时候，他会带着狗再次出门散步，在他的温室里停一停，检查一下植物学实验的情况。然后他会走向沙地，途经一条环绕着林地的砾石小路。当漫步在这条"思考之路"上时，达尔文会反复琢磨那些尚未解决的科学难题。

午饭后，他会看看报、写写信。与他通信的人脉网络为他提供了来自世界各地的信息。另外，达尔文夫妇并非要求严苛的父母，孩子们很爱到处乱跑。在孩子们调皮的尖叫声和从书房门口狂奔而过的脚步声构成的背景音里，他们温文尔雅的父亲就这么很有耐心地工作着。

晚饭后，达尔文会和妻子一起玩西洋双陆棋，夫妻俩的战况非常激烈。有一回，他这样写道："现在，我和我太太下双陆棋的记分如下，可怜的小东西，她只赢了 2490 局；而我赢了——万岁，万岁——2795 局！"

尽管健康状况不佳，达尔文还是接连不断地出版了一系列富于创新精神、具有重大影响的著作，1881 年，他出版了自己最后一部作品，一本关于蚯蚓的书，这部著作一上市便成了畅销书。次年，他与世长辞，享年 73 岁。

但是，科学为他赢得了荣光。达尔文并没有悄无声息地葬在当地教堂的墓地里——那里被他称为"地球上最美好的地方"——而是在伦敦的威斯敏斯特大教堂举行了国葬。

莱尔和达尔文的另一位同行约瑟夫·道尔顿·胡克[1]（Joseph Dalton Hooker）并不赞同达尔文的"君子所为"。长久以来，他们对达尔文的理论早有了解，也不准备隐瞒他们所清楚的，达尔文才是最先提出这一理论构想的人。他们二人提出了一个折中方案：在伦敦林奈学会[2]的一次会议上，把华莱士的文章和达尔文一些尚未发

华莱士的马来群岛探险之旅为期长达

# 8 年

---

① 1817—1911 年，胡克研究了美洲及亚洲植物的关系，证明进化论对植物学的实用价值。他所著的《植物种类》，是对植物分类的全面研究。

② Linnean Society of London，1788 年由史密斯等人为纪念林奈而共同创立，1802 年获政府授予的皇家许可证，并迁入伯灵顿宫旧址，因达尔文与华莱士的联合论文宣读而闻名于世。

表的文章一并递交。关于这种安排，现代可能确实存在较大的争议，尤其是那些认为华莱士遭受了不公待遇的人更是如此。这是 20 世纪中叶的某种另类观点。然而，按照那个年代的标准，这种安排是公平的。华莱士把文章寄来的时候并没有要求保密，按照当时的惯例，达尔文或莱尔可以将其发表。一直以来，华莱士都被世人授予了"自然选择共同发现者"的荣誉，他也不厌其烦地表达了心中的感激和满足。

达尔文和华莱士这些简短的文字首次阐明了物种是如何通过微乎其微的改变，在自然环境下慢慢成形的。大家敦促达尔文，把他正在撰写的大部头作品，先加以简短的概述。于是他花费了 13 个月的时间，把他 20 年的研究成果浓缩成一本书。这便是 1859 年 11 月 24 日出版的《物种起源》。

---

**进化论概言**

达尔文和华莱士的进化论认为，新物种是早期物种的后代。这一长期的过程之所以会发生，是因为所有的生物体都在变化。这些微小的变异被自然地加以"选择"，这取决于它们是否有助于生物体在自然界残酷的生存竞争中存活。出生者虽多，幸存者却寥寥；幸运的变异被优先传递下去。这种无休无止的过滤过程使得生物体适应了其所处的环境。

---

### 《物种起源》

这本书立即引发巨大争议，并受到了广泛的评点和议论。达尔文遭到了不少嘲笑和辱骂。尤其是人类必定是从早期物种进化而来的这一观点，招来了许多非议，因为这与宗教观念不同，揭示了无须神灵之手加以指引——物种是自行进化的。

但是，达尔文也获得了强有力的声援，特别是年轻一代的博物学家的支持，比如托马斯·亨利·赫胥黎（Thomas Henry Huxley，今天他常被人们称为"达尔文的斗牛犬"，但他在世的时候并没有被冠以这个雅号）。达尔文提出的大量证据——从胚胎学和退化器官到地理分布——以及支持进化论的论证都具有压倒性的力量。

**20年**

达尔文逐步建立和发表关于自然选择的思想的时间

尽管《物种起源》一书经受了火的洗礼，但几乎单凭这一部著作，国际科学界便相信了进化论属实。在 1889 年出版的《达尔文主义》（*Darwinism*）一书中，华莱士描述了达尔文所引发的革命："公众舆论这种前所未有的变化是一个人单枪匹马努力的结果，而且这些变化还发生在区区二十年间！"

自此以后，进化论取得了长足的进展。今天，我们从基因和 DNA（脱氧核糖核酸）的角度来思考进化论，但达尔文和华莱士对这二者的存在都一无所知。直到 20 世纪三四十年代，遗传学才被纳入进化理论中（参见第 3 章）。即便时至今日，新的发现正让我们的认识发生巨变，但现代理论的核心仍是达尔文的"后代渐变"思想。

## 进化论与创世说：
## 1860 年的那场传奇之辩到底是怎么回事？

"协会的规矩受到了侮辱。"公务员亚瑟·芒比（Arthur Munby）在 1860

年 7 月 1 日的日记中如是写道。这也难怪，就在前一天，英国科学促进会<sup>①</sup>在牛津举行的年会上，展开了一场毫无绅士风度的讨论。讨论的主题是查尔斯·达尔文的新思想——危险思想。塞缪尔·威尔伯福斯主教（Samuel Wilberforce）准备好了捍卫上帝创世说，动物学家托马斯·赫胥黎则作为进化论的拥护者出席了会议。关于这场传奇之辩，众口相传的大部分说法都是空穴来风，是那场辩论 20 年后，由心怀叵测的人撰写的。历史学家弗兰克·詹姆斯（Frank James）耗费了 10 年时间，仔细考证了辩论后的几天或几周内，相关人士写下的日记、信件以及其他见证者的描述。他表示，这些记录会让我们对当天辩论的结果得出大相径庭的结论。

当时事起仓促：找不到场地，时间又很短。预计到场人数太多，只有牛津大学新建的博物馆里的阅览室或许能容纳下，而即便是这座宏伟的大厅也需要额外增添座位才挤得下蜂拥而来的观众。一帮木匠开始动手干活儿，空气中充斥着木屑和锤子发疯似的敲打声。

为什么这么着急呢？因为一个名叫约翰·德雷珀（John Draper）的无聊美国人，他突然把这次会议的主题变成了热门话题。因为他提出探讨的议题是达尔文的进化论，正是这一理论引起了人们广泛的关注。《物种起源》7 个月前才刚出版，大家正情绪高涨。但人群并不是被德雷珀吸引来的：有传言说，进化论最激烈的反对者，包括牛津主教在内，正打算出面与之对抗。

这原本可能是场一边倒的辩论：达尔文不在场——他身体不适；进化论的主要捍卫者托马斯·赫胥黎本来也不打算参加。然而，就在辩论前一天，被

①　British Association for the Advancement of Science，是查理·巴贝治领导一群英国青年科学家于 1831 年创立的非官方组织，旨在代替皇家学会来为科学办事和说话。该协会最重要也最著名的一项活动是每年轮流在英国的中心城镇举行年会，这些年会是唯一允许科学家和普通人员以平等地位参加的定期科学会议，成为当时所有重大科学争论（特别是科学和宗教间争论）的战场。

人们指责为临阵脱逃时，他又改了主意。

## 猴子祖先

大厅里挤得水泄不通。几位持怀疑态度的人率先发言，包括英国皇家学会 ①的会长。然后，威尔伯福斯主教在热烈的掌声中站了起来，他接着论证道，人类必定是被专门创造出来的，而不是由人类以外的动物进化而来的，因为这个观点是基督教的核心支柱。据第二周出版的报纸称，在辩论结束时，他问出了那个著名的问题：赫胥黎宁愿他的祖父还是祖母是只猴子呢?

赫胥黎的回应模棱两可。他寸步不让，称威尔伯福斯为"非科学界的权威"，却又态度恭敬，对主教的才智表示了敬意。他宣称："如果只能在一只猿猴和一个利用花言巧语来粉碎某个论点的人之间选一个来当我的祖先，那我宁愿选择前者。"据 7 月 2 日的《星晚报》( The Evening Star ) 报道，赫胥黎接着又为达尔文的观点进行了辩护，"富于论证性的演讲赢得了热烈的掌声"。

9 月，赫胥黎给海洋动物学家弗雷德里克·戴斯特（Frederick Dyster）写了一封信，按照他自己的描述，貌似他更厉害一些。他在信中写道，听到他机智的回答，"人们发出了无法遏制的哄堂大笑"，"我相信，在此后整整 24 小时的时间里，我是牛津最受欢迎的人"。

## 大胜威尔伯福斯

赫胥黎的表现并没有给其他人留下这么深刻的印象。罗伯特·菲茨罗伊（Robert FitzRoy）是达尔文那趟极其重要的航程所乘坐的那艘"贝格尔号"的船长，

---

① Royal Society，英国最具名望的科学学术机构，成立于 1660 年，英国女皇是学会的保护人，其宗旨是促进自然科学的发展，在英国起着全国科学院的作用。

他仍然没有被赫胥黎的论证所说服，而考古学家兼生物学家约翰·吕博克（John Lubbock）在听完之后则认为，达尔文的假说不过是现有假说中最好的一种罢了。

的确，当英国皇家植物园邱园 ① 的副园长约瑟夫·胡克向达尔文讲述当天的活动时，他抱怨说，赫胥黎"没有以一种足以打动听众的形式或方法来进行处理"，于是他不得不亲自上阵，"我在阵阵掌声中大胜……威尔伯福斯闭上了嘴——根本连一个字也答不上来，会议立刻就结束了"。

威尔伯福斯可不是这么想的。3 天后，他写信给考古学家查尔斯·安德森（Charles Anderson）说："我想，我把他打得一败涂地。"物理学家巴尔弗·斯图尔特（Balfour Stewart）表示同意："我认为主教取得了胜利。"

胜利似乎只在旁观者的眼中。在对这些文件进行了 10 年研究之后，伦敦皇家研究院（London's Royal Institution）的历史学家詹姆斯认为，人们之所以普遍认为赫胥黎赢得了胜利，或许只不过是因为威尔伯福斯不怎么受大家喜爱，这是大多数记述中都没有提及的一个事实。"要不是因为威尔伯福斯在牛津那么不受欢迎的话，赢得胜利的那个人就会是他，而非赫胥黎。"

图 1.2　就是在香料之岛特尔纳特岛高烧发汗时，阿尔弗雷德·华莱士提出了他的自然选择进化论

① 英国皇家植物园（Royal Botanic Gardens）包括两大部分，分别是建于 18 世纪、位于伦敦西南部泰晤士河南岸的邱园（Kew）和 1965 年扩建、位于苏塞克斯的韦园（Wakehurst）。

但官方记录对此是怎么说的呢？几乎没怎么提及。协会关于 1860 年的报告中根本没有提到那场讨论。詹姆斯说："英国科学促进会有其绅士风度，但这乃是相当有失绅士风度之事。"

最后，英国科学促进会的绅士们尽其所能地压制了关于这场辩论的宣传，从来未曾意识到他们这一决定的重要性。

一直等到 20 年后，当赫胥黎的胜利变得符合当时的文化氛围时，赫胥黎获胜的故事才真正生根发芽。"19 世纪 80 年代，宗教和科学之间的裂痕正在扩大，"詹姆斯说，"而在 19 世纪 60 年代，裂痕真的并未出现。"但是，既然关于这次会议没有任何官方记录可以作为反驳，那么希望确立其权威的科学家们在回首往事时，就可以将这场辩论说成是科学战胜宗教的时刻——他们宣称，这场战斗已经赢得了胜利。詹姆斯说："你会看到人们将其看作一个极为重要的事件，而在当时，它显然算不上意义深远。"但是，通过把这次局部的讨论变成一个广泛传播的神话，19 世纪晚期的好事者们，为把科学从基督教信仰中分离出来，做出了贡献。

**"采访"：写《物种起源》"就像承认杀了人一样"**

在《物种起源》一书出版 150 年后，《新科学家》杂志对该书作者进行了"采访"。*

《新》：提出改变世界的思想是种什么感觉？

达：就像承认杀了人一样。

《新》：您所经历的情感和身体上的挣扎一定造成了负面影响吧？

达：9 个月来，我几乎一直在不停地呕吐，而这让我的大脑变得特别脆弱，任何一点刺激都会引起离心感和晕眩感。

《新》：您肯定不希望我再刺激您了，但我一定要说，当我理解了您的观点——数十亿年来，生命一直在改变和进化——我就被迷住了。

达：你想象不到我有多高兴，自然选择的概念对永恒不变起到了净化作用，就像泻药对你的肠道那样。只要博物学家将物种的变化视为必然，就会开辟出一片极为壮丽的天地。

《新》：正是如此。现在，我必须向您提一个但凡作者就难免会被问到的问题了：您是如何产生这些想法的呢？

达：在我看来，近亲物种很可能是共同亲本的后代。但有那么几年的时间，我还无法想象每一个物种形式是怎么如此出色地适应其生活习性的。然后，我开始系统性地研究驯养生产，过了一段时间之后，我清楚地发现，人的选择能力是最重要的动因。通过研究动物的习性，我积累了一定的基础，得以领会为生存所做的斗争，我在地质学方面的工作又让我对过去时光的流逝有了一些了解。因此，当我偶然读到马尔萨斯的《人口论》时，自然选择的想法就在我的脑海中闪现。

《新》："人类最伟大的思想"就在您的脑海中闪现！您谦虚而严谨的实验方法启迪了我们所有的人。不过，您对现在刚开始研究的年轻科学家有什么想说的话呢？

达：当我以博物学家的身份登上"贝格尔号"时，我对自然史还知之甚少，幸好我足够努力。

《新》：您是有史以来最具影响力的科学家之一，然而，您的著作却仍受到世人争议，尤其是那些有宗教信仰的人。您曾说过一句著名的话：进化何等恢宏壮丽[①]，但无神论者的观点能帮您度日吗？

达：我始终认为，把这个世界上无穷无尽的痛苦看作自然事件（普遍规律）的必然结果，而非上帝直接干预所致，这么想似乎比较合适。

《新》：您会把自己形容成一个无神论者吗？

达：在我人生极致的大起大落中，从否认上帝存在的意义上来说，我从来都不算是个无神论者。我认为，总的来说（随着我年龄的增长，越发认为可以这么说了），"不可知论者"是对我的思想状态最准确的描述，不过并非始终如此。

《新》：那么，宗教信仰和您的理论之间已知的冲突呢？

达：在我看来，怀疑一个人既是个狂热的有神论者，又是个进化论者，这很荒谬。

《新》：您有些坚定的拥护者会否认这一点的。有时候，人们会指责他们与否认进化论的人之间争斗得有些过火。

达：我确信，我们的好朋友赫胥黎虽然具备很大的影响力，但他在攻击别人的时候如果态度更温和一些、攻击次数更少一些的话，那他的影响力肯定会比现在更大。

《新》：您的女儿安妮年仅10岁就夭折了，据说这件伤心事对您影响很大。您能说明一下您对此事的感受吗？

达：感谢上帝，她几乎没受什么罪，像个小天使一般安详地去世了。我们唯一感到安慰的是，她的一生虽然短暂，却很快乐。她是我最喜爱的

---

① 应指《物种起源》最后一段话中的一句，原文为"There is grandeur in this view of life"。

孩子；她亲切、开朗、活泼，有着强烈的感情，这些都让她显得特别可爱。亲爱的小可怜。好吧，一切都过去了。

《新》：您有时会被人们指责为种族主义者——在我看来，这种指责似乎并不公平。当您登上"贝格尔号"时，奴隶制仍然非常普遍。您对奴隶制有何看法？

达：对于奴隶制度和对黑奴的处置，我已经见得够多了，足以令我对在英国听到的有关这个问题的谎言和胡说八道感到厌恶透顶……伟大的上帝，我多希望看到作为地球上最大诅咒的奴隶制被废除啊！

《新》：这些观点对您的政治观念有影响吗？

达：即便只是因为他们对待堪称基督教国家丑事的奴隶制那种冷血态度，我也不会成为一名保守党党员。

《新》：非常感谢您同意与我们交流。

达：我猜，你们会说我是个讨厌的家伙吧。

《新》：绝对不会，这是我们的荣幸。

\* 上述出自达尔文之口的语句均摘自他浩如烟海的信件，是通过网上的"达尔文通信项目"（Darwin Correspondence Project）在线收集而来。凡是达尔文所做的回答均为他信中的原话。提问的设计尽可能地贴合当时达尔文写信的背景。

### 假如当初达尔文没有乘坐"贝格尔号"远航，又会怎样？

假如查尔斯·达尔文没有进行为期 5 年的环南美之旅，历史会有什么不同？

至少有一点是大多数达尔文学者们都同意的：如果达尔文当初没有登

上"贝格尔号"远航的话，他就不会得出自然选择进化论。需要借助在异国他乡旅行的强烈新奇感来粉碎他原先对大自然的既有看法，这种看法在当时被世人普遍接受，也就是认为自然是和谐、宜人且静止不变的。狂野的大自然从方方面面向这个娇生惯养的年轻人抛出了一系列令他难为情甚至尴尬的问题。因此，在他返航后的几个月里，他开始质疑一直以来毫无疑问的观点：物种永恒不变。

在"贝格尔号"航程中的见闻驱使下，达尔文悄悄变成了一位进化论者，然后，在1838年的冬天，他为这种变化提出了一个貌似可信的机制：自然选择。很难想象，假如达尔文是个英格兰乡村牧师的话——这正是他父亲替他设想的职业道路——他也能产生同样的认知飞跃。

但这在历史上真的重要吗？毕竟，阿尔弗雷德·拉塞尔·华莱士也得出了几乎相同的理论。那么，假如查尔斯·达尔文没有登上"贝格尔号"的话，我们也许就会将其简称为"华莱士主义"了。

确有可能，但这会是一场艰苦的斗争。首先，在1858年，华莱士掌握的资料比之达尔文的，不过九牛一毛。而且华莱士的出身更为卑微，这会使得当权者更加难以接受进化论这种危险思想。

如果没有达尔文，我们多半仍然会相信自然选择进化论。如果不信，就相当于对生物科学在20世纪上半叶取得的巨大进步视而不见，而正是这些进步让这一理论变得无可辩驳。不过，我们虽然给不出，在假设没有达尔文的情况下，生物学家们接受进化论需要多长时间，但有一点是相当肯定的：1859年，查尔斯·达尔文为当时仍然还很脆弱的进化论提供了必要的保护，使其得以生根发芽，并成为或许是现代科学中最有力的思想。

## 达尔文的发现

**1795 年**

查尔斯的祖父伊拉斯谟斯·达尔文（Erasmus Darwin）写道："所有温血动物都起源于一种有生命的丝状体……它具有获得新的身体构件的能力，这样的想象是不是太大胆了？"他的这种思想启发了达尔文。

**1798 年**

托马斯·马尔萨斯所著的《人口论》散布末日说，对无节制的人口增长将会带来的悲惨后果提出了警告。这对查尔斯·达尔文产生了至关重要的影响。

**1848 年**

华莱士启程前往巴西探险。4 年后，返程中的一场大火烧毁了他的许多标本。

**1837 年**

达尔文在笔记本上勾画出了第一棵"生命之树"，借以解释物种之间的进化关系。

**1858 年**

华莱士构想出了关于物种如何适应一个变化的世界的理论。7 月 1 日，华莱士和达尔文的思想均在伦敦林奈学会发表。

**1859 年**

达尔文的《物种起源》出版，并遭到了许多人的嘲笑和谩骂。

**1809 年**

法国博物学家拉马克出版了《动物哲学》(*Philosophie Zoologique*)，概述了进化是依照一种"复杂化力量"的观点。

**1809 年**

查尔斯·罗伯特·达尔文出生于英国什鲁斯伯里的一个富裕家庭，在六个孩子中排行第五。

**1831 年**

达尔文乘坐英国皇家海军"贝格尔号"出发前往南美考察。本次旅程为期 5 年。

**1823 年**

阿尔弗雷德·拉塞尔·华莱士出生于英格兰和威尔士交界处附近的兰巴多克村，在九个孩子中排行第七。

**1813 年**

法国动物学家乔治·居维叶发表了论文《地球理论》("Essay on the Theory of the Earth")，阐述了他的观点，即洪水等灾难过后会出现新的物种。

**1860 年**

在牛津的进化论之辩上，塞缪尔·威尔伯福斯主教质问达尔文思想的拥护者托马斯·赫胥黎，他的猴子祖先出自他祖母还是祖父那一系。

**1870 年**

国际科学界的大部分人接受了进化论属实的看法。

# ② 进化论究竟是什么？

进化论是让现代生物学得以统一的力量：它将遗传学、微生物学和古生物学等各不相同的领域联系在一起。对于地球上大约 900 万现存物种所表现出的惊人多样性，进化论做出了令人信服的简练解释。以下是一些基本的入门知识。

进化论包含若干方面。第一项理论是，所有现存物种都是早期物种经过改良的后代，我们在遥远的过去都有一个共同的祖先。因此，所有物种都通过一棵巨大的生命之树联系在一起。第二项理论是，推动这种进化的是自然选择的过程，又名"适者生存"。

达尔文认为，所有的个体都在有限的资源下挣扎求存，但有些个体具备某些可以遗传的微小差异，与缺乏这些有利性状的个体相比，这些差异使得它们拥有了更多存活或繁殖的机会。这样的个体具有更高的进化适应性，它们所具备的有用性状在种群中变得更加普遍，因为它们的后代存活下来的数量更多。

最终，这些具有优势的性状就变成了标准。反过来，有害性状很快就会被根除，因为拥有这些性状的个体得以繁殖的可能性较低。因此，通过自然选择，一个高度适合其所处环境，并能适应变化的种群就会产生。

## 性之战

当个体在所处的环境中为了有限的资源而相互争夺时，它们受生态选择所支配。然而，有用性状指的不仅是那些有利于生存的性状，也包括增加动植物繁殖机会的性状，这些性状则受择偶标准所支配。

择偶类性状可以让雄性生物体对雌性更富吸引力，例如孔雀的尾羽。这些性状有时与个体的健康状况有关，因此也是健康与否的真实标志。另一种类型的择偶类性状则让雄性生物在与其他雄性争夺配偶时占据了身体上的优势，例如雄鹿的鹿角。择偶类性状甚至可以在分子水平上发挥作用。

鸟类尤其以吸引配偶的华丽装饰而闻名，但这也增加了它们被捕食者发现的概率。其他的性选择性状还包括：狮子的鬃毛，大山雀或虎皮鹦鹉的羽毛，松鸡的交配仪式，人类男性的身高及人类的毛发、智力和面容。但是，自然选

图 2.1 孔雀是性选择概念的典型代表。类似孔雀尾羽这样的性状之所以得以进化，是因为拥有这些性状的个体可以比竞争对手夺得更多的配偶

择和择偶选择并非引起生物学变化的所有因素。随机遗传漂变是另一个因素，这可以称为"幸者生存"（参见后文图 6.2）。

## 物种的产生

尽管达尔文将他的著作命名为《物种起源》，但物种的形成是他无法解释的。他称其为"谜中之谜"，甚至直到一个半世纪之后，两个动物种群之间在遗传上变得互不相容的机制仍是生物学上最大的谜团之一。

我们理解达尔文的加拉帕戈斯群岛雀类是如何从单一物种进化而来的——不同的种群相互分离，逐渐适应了不同的环境，直到它们不再能够彼此跨种群进行繁殖。

这种"异域物种形成"发生在地理变化——例如河流改道或出现新的山

脉——将一个物种一分为二的情况下。一旦分隔开来，不同的种群就会独立进化，最终形成生殖隔离的不同种群，就像分布于美国大峡谷两侧的羚羊、松鼠那样。

然而，物种形成也会迅速发生，而且在种群间不存在身体隔离的情况下也会发生，这种情况解释起来就要困难得多，研究人员仍在试图查明作为其内核的确切生物学机制。这种"同域物种形成"的例子包括加拉帕戈斯群岛的13种雀类及非洲的鲷鱼。这些物种适应了环境中不同的因素，然后便不再相互交配——这也许是由于某种隔离机制的作用。新的物种也可以通过杂交形成，如向日葵（详见第7章"新物种是如何形成的"）。

就像种群中的个体一样，物种本身也在挣扎求存，随着时间的推移，大多数物种都灭绝了。物种也有可能在大灭绝中消亡，例如导致恐龙灭绝的那一次。如今，由于人类对栖息地的过度开发，我们有可能正处于另一次大规模灭绝的困境之中。

## 若干进化情况

在乘坐英国皇家海军"贝格尔号"航行期间以及毕生努力中，达尔文收集到的证据为他提出自然选择理论做出了贡献。在《物种起源》一书中，他从胚胎学、地理学、古生物学和比较解剖学等领域提出了支撑自己观点的论据。达尔文还在趋同进化、共同进化和适应辐射的实例中为他的理论找到了证据。

**趋同进化**，是指在相似的选择压力下，不同的物种谱系独立进化出相同适应性的过程。今天，我们在风马牛不相及的物种中看到了趋同进化的存在：鲨鱼和骆驼、虾和蚱蜢、火烈鸟和琵鹭、有袋哺乳动物和胎盘哺乳动物及生物性发光的海洋生物。我们在哺乳动物的耳朵和牙齿上也能看到趋同进化。

**共同进化**，是指两个物种或同一物种不同种群的进化史紧密地交织在一起。这样的例子包括：开花植物和诸如蜜蜂、蜥蜴和飞蛾等传粉动物的共同进化；囊地鼠和它们身上的虱子；人类和肠道微生物；还有我们的免疫系统对攻击我们的病原体发动的战争。

**适应辐射**，是指一个祖先物种快速完成的物种形成，以填补众多空白的生态位。当动物和植物到达以前没有居住者的岛屿时，适应辐射最为常见。适应辐射的例子见于：加拉帕戈斯群岛的雀类、澳大利亚的有袋动物、夏威夷的蜜旋木雀和果蝇、马达加斯加的食肉动物和其他哺乳动物、新西兰的鸟类和史前的翼龙。

---

### 长颈鹿的长脖子是怎么来的？

大多数人都认为，长颈鹿进化出长脖子是为了帮助它们获得食物。这种观点认为，如果有长脖子，长颈鹿就可以吃到高树上竞争对手够不到的叶子。但还存在另一种可能性，那就是超长的脖子可能与食物没有多大瓜葛，而与性有着千丝万缕的联系。

支持高处进食论的证据是模棱两可的。南非的长颈鹿确实会花费很多时间来啃食位于高处的树上的食物，但来自肯尼亚的研究表明，它们在食物匮乏的时候，也并非一定要伸颈索食。

有个长脖子是要付出代价的。因为长颈鹿的大脑距离心脏大概 2 米，所以它的心脏必须硕大而有力。事实上，长颈鹿的血液要到达大脑，必须以远高于其他动物的血压将其泵出。那么，长颈鹿的脖子保持着这样的长度，必定该有巨大的回报。

有种存在争议的理论认为，长脖子是性选择的结果，换句话说，雄性进化出长脖子是一种争夺雌性的方式。

雄性长颈鹿是通过"交颈缠斗"来争夺雌性的。它们肩并肩地站着，用后脑勺去撞对方的肋骨和腿。为了在这样的打斗中获益，它们的头骨异常厚实，头顶上还长着角状的赘生物，名为"听骨"。简而言之，它们的头就是攻城槌。在这样的缠斗中，长而有力的脖子是种优势，人们发现，脖子长的雄性长颈鹿更容易获胜，而雌性也更喜欢脖子长的雄性。

"为性进化出长颈"的观点虽然存在争议，但也有助于解释为什么长颈鹿的脖子比腿要长得多。

如果长颈鹿进化的目的是吃到更高的树枝上的食物，那照理说它们的腿也会以跟脖子相同的速度变长才对，但事实并非如此。

"性选择带来了长脖子"这一观点的问题在于，这就意味着雌性长颈鹿不应该有长脖子，而它们的脖子显然也很长。有一种说法认为，长颈鹿的脖子之所以会变长，一开始可能确实是为了吃上难以够到的食物，但随后却被"劫持"了，用于实现求偶目的。一旦脖子到了一定的长度，雄性长颈鹿就可以用脖子当作棍棒来交颈缠斗——到了那个时候，性选择就取代了生态选择，让长颈鹿的脖子长到了目前这种极致的长度。

## 密码

达尔文既不了解遗传的基因机制，也不了解种群中新变异的来源，他在这种情况下建立了自然选择说。他本人关于性状传递的理论（名为"泛生说"）完全是错误的。

直到 20 世纪初，遗传的基因机制才开始得以揭示（详见第 3 章）。

## "采访"：大自然的奇迹始终是我生命中的慰藉

阿尔弗雷德·拉塞尔·华莱士（1823—1913）和查尔斯·达尔文分别独立发现了自然选择进化论，并创立了进化生物地理学。本次"采访"中他的回答是从他的信件中挖掘出来的，现在这些信件在网上可以找到：他给我们讲了他的研究和探险经历，以及对大自然的奥秘经久不衰的迷恋。

问：您是达尔文举世皆知的合著者，在1858年与他共同发表了第一篇描述物种起源和自然选择的论文。您第一次产生这样的想法是在什么时候？

华：我从1847年开始对仅收集本地标本越来越不满足——从中几乎发觉不了什么东西。我想选定某个科来进行深入的研究——主要是着眼于物种起源的理论。我深感通过那样的方式或许会得出某些明确的结果。

问：这样的愿望促使您去巴西收集鸟类、蝴蝶和甲虫，试图发现是什么推动了新物种的进化。在那次航行中发生过什么意外事故吗？

华：在（1852年）8月6日星期五……船长（也是船主）走进船舱说："恐怕船着火了。你来看看，说说有什么想法。"

问：尽管有过那段悲惨的经历，您接下来还是又对马来群岛进行了为期8年的探险考察，在那里，您发现了亚洲和澳大利亚地区的动物之间那道无形的分界线，后来为了纪念您，这条分界线被称为"华莱士线"（Wallace Line）。在那次旅程中，最吸引您的是什么呢？

华：无论如何，我对鸟类要比昆虫感兴趣得多，它们在数量上要多得多，对于我们了解东方动物的地理分布规律也大有裨益……作为例证，我可能得提一下凤头鹦鹉，这一鸟类种群仅出现于澳大利亚和东马鲁古群岛，但在爪哇岛、加里曼丹岛、苏门答腊岛和马六甲则完全无人知晓……还有许多其他物种也佐证了同一事实。

问：您与达尔文分享了自然选择这一发现，这算不算出于他的好脾气……

华：我也认为这种情况极其幸运，不久前，我才与达尔文先生就"多样性"这个问题开始通信，这使他的部分研究成果得以较早发表，并确保他获得了这一发现的优先权，无论是我本人或其他人的独立出版物或许都会对这项权利产生不利影响。

问：您和达尔文有什么共同之处？

华：我和达尔文早年都热衷于捕捉甲虫。达尔文和我本人身上都有他所谓"纯粹的收藏热情"……对于生物外在形态的这种近乎孩童般的肤浅兴趣虽然常常被人轻蔑地认为并不科学，如今却恰恰成了唯一一种决定性的兴趣，引导我们走向物种问题的答案。

问：您觉得您做出的贡献被世人忽视了吗？

华：就像达尔文当初那样，我也是突然灵光一闪，就产生了这个想法：只用几个小时就想好了，我把它写下来，配上一张说明其各种应用和发展方式的草图……然后抄在薄薄的信纸上，寄给了达尔文——所有这些事都是在一周之内完成的。

如果说，在阐明自然界的有机发展方式这一点上，在将其首次呈现给世人的时候，达尔文和我分别所占的份额与我们各自为此付出的时间大致成正比——二十年比一星期——那我应当没有抱怨的理由。

问：在您89岁高龄的时候，回顾您一生的工作，您有何感想？

华：大自然的奇迹始终是……生命中的乐趣和慰藉。大自然当得起……我们与日俱增的沉迷，试图解开它无数谜团中的部分谜题带来了越来越深的神秘感和敬畏感。

# ③

# 达尔文与DNA：
# 遗传学如何推动理论的进化

　　众所周知，达尔文和华莱士的进化论缺乏一种作用机制。然而，到了20世纪初，遗传学这一新领域出现了。尽管遗传学彻底改变了有关遗传的观念，但一开始，它与进化论之间的关系并不明显。那么，DNA是如何融入我们现代对进化论的理解的呢？

# 进化论的基因革命

我们今天对进化论的理解起源于两种截然不同的思想的结合。其中一种来源于 19 世纪 50 年代在摩拉维亚的修道院研究豌豆的一位修士；另一种则来源于达尔文和华莱士。

尽管格雷戈尔·孟德尔（Gregor Mendel）和查尔斯·达尔文生活在同一时代，但他们二人素未谋面，达尔文也不了解孟德尔的研究。事后看来，这两个人的研究工作的结合似乎是一次天作之合（如果你是神创论者的话，那他们二人就是"狼狈为奸"了）。事实上，多年以来，孟德尔的遗传研究与达尔文的自然选择进化论之间存在的关联并不明显。这幅拼图花了将近 60 年的时间才拼凑到一起，形成了进化论的"现代综合论"，从遗传学的角度阐述了达尔文的观点。

这种新的理解究竟是如何产生的？为什么耗费了这么长时间才问世？

这要从自然选择本身开始解释。根据自然选择，唯有最适者——对当地环境最为适应者——才能生存和繁衍，这样一来，种群作为一个整体就会逐渐发生转变。19 世纪中叶，许多生物学家已经接受了进化论思想，但对于"进化是通过自然选择这种手段发生的"这一观念却存在着相当强烈的反对意见。

这种作用机制的合理性建立在一种假设的基础上：有益的性状基本上可以完好无损地代代相传。当然，那时尚不清楚这是怎么实现的。

## 对遗传的解释

为了对遗传现象加以解释，达尔文提出了一种被他称为"泛生论"的假说。泛生论假设，每一种生物体都会产生一种名叫"泛子"的微粒，这种微粒会将其性状传递给下一代。达尔文认为，后代是由亲本的泛子混合在一起发育而成的，因此也会表现出父母双方经过融合的性状。

这种思想存在一个主要缺陷，该缺陷被他的对手抓住不放：混合会导致父母某一方的有用性状遭到稀释，因为它是与不具备这些性状的个体交配的。经过连续几代之后，这些性状应该会逐渐消失。达尔文在世时，这个问题没人能解答。而在达尔文和他的同胞们不知所措之时，解开这个谜的钥匙其实已经找到了。19世纪40年代的某个时候，格雷戈尔·孟德尔进入了布尔诺的修道院（现今位于捷克共和国境内）。接下来的几年里，他详细研究了豌豆的性状是如何代代相传的。他发现，双方亲本的性状并没有在它们的子代身上发生融合；反倒是以可预测的比例保持不变地传递下去。这促使他构想出了遗传定律，并于1866年出版。（参见"格雷戈尔·孟德尔是谁？"）

然而，谁也没有想到，孟德尔所研究的豌豆性状（比如花的颜色）居然放诸四海而皆准，并且这项研究在几十年间基本被世人忽视了。

---

**格雷戈尔·孟德尔是谁？**

作为现代遗传学的奠基人，格雷戈尔·孟德尔的背景令人难以置信，尤其是他开展研究的时间比实际发现基因的时间早了足足50年。

他于1822年出生在今捷克共和国的一个农场里，后来进入了位于布尔诺的奥古斯丁教会修道院，并在那里从事遗传方面的研究。

他在修道院的花园里培育了上千株豌豆，并意识到诸如花的颜色和种子皱缩等性状的存在。例如，他发现，当将白花植株与紫花植株进行杂交时，并不会得到淡紫色花植株——如果亲本性状果真融合到一起，那理应预期这样的结果——而是以固定的比例得到白花或紫花植株。

这些观察结果促使他构想出如今举世闻名的遗传定律，并于1866年

---

出版。书中引入了显性和隐性性状的概念。这部作品当时基本上没有引起世人的注意，直到世纪之交，他的思想才被纳入了遗传学这门新的科学中。

图 3.1　作为现代遗传学的创立者，格雷戈尔·孟德尔的修道士背景令人难以置信

然而，孟德尔做出的贡献在其重要性上还存在争议。他的定律当然有助于阐明性状是如何从亲本传递给子代的。但即便是在 20 世纪 30 年代用孟德尔的理论创立了进化遗传学理论的罗纳德·费希尔（Ronald Fisher）也认为，孟德尔的研究结果好得有点令人难以置信，或许是被某位过于热心的助手"整理过"了。而且根本无从说清孟德尔本人会不会支持基于他的研究得出的这项理论。他所表达的思想纯粹只是性状从上一代到下一代的传递——而没有对其作用机制进行任何探讨。

在 46 岁成为修道院院长后，孟德尔最终放弃了他的研究。人们对他知之甚少，因为在他去世后，他的信件和其他私人文件都被付之一炬。

然后，到了 1900 年，植物学家雨果·德·弗里斯（Hugo de Vries）和卡尔·柯伦斯（Carl Correns）重新发现了孟德尔的定律。通过研究遗传现象，他们两人各自独立地得出了这样的观点：生物体的性状是固定单位，保持不变地进行传播。在此之后，他们才发现孟德尔也展开过类似的研究。

## 基因的曙光

一种新的遗传科学出现了。它最初被称为"孟德尔主义"，很快又被生物学家威廉·贝特森（William Bateson）命名为"遗传学"，贝特森将孟德尔的论文翻译成英文，他同时也是孟德尔著作的主要推广者。贝特森取的这个名字来源于古希腊单词"genesis"，意为"起源"。

孟德尔的定律解释了性状从亲本向子代传递的规律。早期的遗传学家相信，生物体内的某种物质实体必然会对这些信息进行编码。

不久之后，生物学家托马斯·亨特·摩尔根（Thomas Hunt Morgan）发现基因是沿着细胞核内的染色体排列的单位。在1910年对果蝇所做的研究中，摩尔根证明，眼睛颜色的性状可以追溯到X染色体上的特定位置。这带来了关于不同基因之间的联系的一系列爆发式发现，并创造出了显示基因在染色体上所处位置的遗传图谱。

摩尔根的研究最终为他赢得了诺贝尔奖，并证实了基因是遗传的物质实体。然而，还需要30年的时间，世人才会发现基因是由DNA组成的，并且每一个基因编码一种特定的蛋白质。

基因的概念似乎便是达尔文的拼图中缺失的一块。这块拼图表明，性状不会经过融合而变得无足轻重，从而拼凑出了他的自然选择画卷——尽管人们并没有立刻认识到这一点。

遗传学还解决了达尔文理论的另一个问题：种群内部变异的来源。达尔文的出发点是，任何一个种群中都自然而然地包含了多种多样的个体，为自然选择提供了原材料。现在证明，这种变异的一个关键来源就是突变——基因结构的自发改变，导致它为某种新的对象进行编码。摩尔根和其他人在追踪基因位于染色体上的位置时发现了这种改变。

摩尔根本人开始相信有害的突变会很快从种群中消失，从而认识到自然选择发挥的负面影响。不过人们还需要开展更多的研究，以证明选择是如何作用于基因，从而产生进化上的正面改变的。

## 慢还是快？

根据达尔文的理论，进化是一个逐渐适应环境的缓慢过程。在这个过程中，大多数性状都具有或曾经具有适应功能。因此，脖子稍长一点的长颈鹿能吃到更高处的树叶，于是通过自然选择，长颈鹿逐渐进化出更长的脖子。与此相反，许多初期的遗传学家将进化视为一种飞跃，或者跳跃式演化，在这种情况下，生物体的遗传结构发生了某种内部重组，导致新的性状突然出现。例如，一株植物可能会突然开出某种颜色的花，在它的亲本上见不到这样的花色。这种变化并不一定会带来适应性方面的好处。

早期的遗传学家之所以会被孟德尔定律所吸引，正是因为这些定律似乎支持这样的观点。摩尔根认为：“大自然通过胚芽的突然变化直接创造出了新的物种。”在贝特森眼里，达尔文主义者关于连续变异的研究毫无价值，对自然性状是物种面临的适应压力造成的结果这种说法，他也表示反对。出于同样的原因，变化的跳跃性演化机制似乎也与自然选择的过程无关。

这些根深蒂固的立场使得任何人都难以找到调和这两种方法的路径。但是到了 20 世纪 20 年代，这种情况却发生了改变。多亏了群体遗传学这一新的研究领域——研究群体内的某些特定基因是如何随着时间的流逝发生改变的。

生物学家罗纳德·费希尔、J. B. S. 霍尔丹（J. B. S. Haldane）和休厄尔·赖特（Sewall Wright）使用了复杂的数学模型来证明，自然选择能够提高基因对有益性状加以编码的频率，并清除那些缺乏适应性的个体。

这个概念是在费希尔出版于 1930 年的著作《自然选择的遗传学理论》(*The Genetical Theory of Natural Selection*)和霍尔丹出版于 1932 年的更受欢迎的著作《进化的原因》(*The Causes of Evolution*)中形成的。同年，赖特引入了适应性地形的概念，用地图描绘出所有可能的基因组合和由此产生的生物体适应性。

---

**从遗传学到优生学**

进化理论的某些早期先驱者满腔热情地支持优生学，也就是通过消除"不合适的"基因来改善人类种群。

例如，在 1930 年出版的《自然选择的遗传学理论》一书中，罗纳德·费希尔就用了部分篇幅来阐述自己希望通过这种方式来改善人类物种的想法。为了进一步推动这项事业，他甚至还成了 8 个孩子的父亲。

优生学的黑暗面在 20 世纪早期越发清晰起来，当时，美国有几个州立法规定让"弱智"绝育，而纳粹则将这一思想发展到了登峰造极的恐怖程度。

---

总体而言，他们的研究表明，基因既可以解释有时在生物体的后代身上见到的性状突变，也可以解释达尔文记录的大量种群的连续变异。这些生物学家证明，基因选择是一种真正有创造力的力量，推动着一个物种适应其当地的环境，通过持续不断的变异来确保多样性得以维持。然而，他们的理论模型涉及复杂的统计学知识，令人难以理解。

直到 1937 年，以基因为中心的进化论观点才被科学界更为广泛地所接受，当时，T. 杜布赞斯基（Theodosius Dobzhansky）出版了《遗传学与物种起源》

（*Genetics and the Origin of Species*），把数学公式转化成了更容易理解的术语。杜布赞斯基的研究还拓宽了我们对遗传学如何使进化成为可能的理解，表明了例如当孤立的种群发生改变、以适应当地环境时，新的物种是如何出现的。

1942 年，生物学家朱利安·赫胥黎 [1]（Julian Huxley）的《进化：现代综合论》（*Evolution: The Modern Synthesis*）为这种新的视角起了个名字。及至 20 世纪 50 年代，这套理论体系已经占据了主导地位，不过其中有一个关键的方面在今后的几十年中还会继续引人争论。

## 更高的目标?

达尔文的进化论自其概念形成以来，就被世人视为与基督教自然观相抵触的一种观点。基督教认为自然是某种更高存在的造物。特别是在美国，与达尔文主义针锋相对的神创论在 20 世纪 20 年代开始盛行，并一直延续至今。

现代综合论的创立者们想要将达尔文主义描述得能够容纳这样的信念：进化具有一种产生更高层次结构的内在倾向。举例言之，杜布赞斯基出身于乌克兰的一个东正教家庭，他在 1962 年写下了《进化中的人类》（*Mankind Evolving*）一书，宣传进化有其终极目标的观点。

赫胥黎也写下了大量的文章来宣扬进化性进步的思想。这些作者在阐述现代综合论的观点时，采用了一种不至于过分公开挑战传统愿望和价值观的方式。然而，这并没有阻止他们当中的一部分人成为优生学的支持者（参见上文"从遗传学到优生学"）。

在后来的数十年间，这种准宗教式的描述发生了变化，其中最引人注目

---

[1] 1887—1975 年，托马斯·亨利·赫胥黎之孙，英国生物学家、作家、人道主义者，他提倡自然选择，是进化论现代综合论的奠基人之一。

的是理查德·道金斯（Richard Dawkins）在 1976 年出版的《自私的基因》（*The Selfish Gene*）这本著作，以及他成为"自然没有终极道德目标"这一论点的主要支持者一事。随后关于社会行为的进化和利他主义的出现之争是在达尔文进化论与宗教之间关系日益紧张的背景下发生的，而这正是综合论的创立者们希望避免的情况。

尽管遇到了这些困难，现代综合论仍然是我们今天理解进化论的核心。遗传学、发育生物学和生态学的进步拓宽了我们对基因、生物体和环境之间关系的理解，现代综合论本身也在随之不断发展。

以基因为中心的进化论观点是从达尔文和孟德尔的思想中产生的，如今它正在发生转变，因为人们越来越深刻地认识到，生物体的生长环境在其特性的形成方面确实发挥着作用，甚至有可能会对性状向未来子代传递的方式产生影响。在表观遗传学领域的种种发现表明，附着在基因上以开启和关闭基因的化学标签对于发育的作用有可能与固定的基因序列本身同等重要（参见第 8 章）。

现代综合论是 20 世纪的一种思想。到了 21 世纪，进化的故事开始达到达尔文做梦才能企及的复杂程度（参见第 11 章）。

## 基因到底是什么

一般来说，基因包括了对蛋白质进行编码的 DNA 序列以及像启动子这样协助确定蛋白质合成时间、地点和数量的调控序列。在复杂的细胞中，编码序列分成了几个部分，称为"外显子"，由称为"内含子"的较长垃圾 DNA 片段分隔开来。

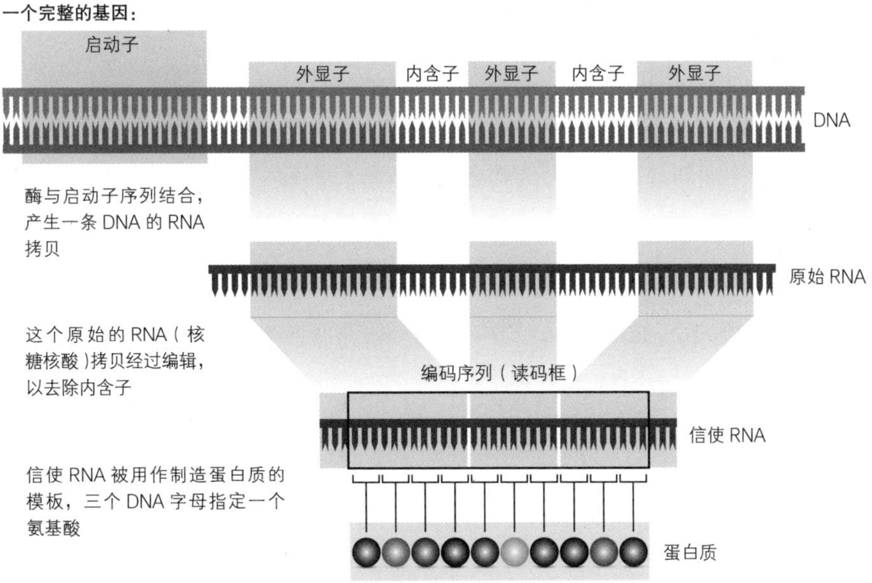

一个完整的基因：

启动子

外显子　内含子　外显子　内含子　外显子

DNA

酶与启动子序列结合，
产生一条 DNA 的 RNA
拷贝

原始 RNA

这个原始的 RNA（核
糖核酸）拷贝经过编辑，
以去除内含子

编码序列（读码框）

信使 RNA

信使 RNA 被用作制造蛋白质的
模板，三个 DNA 字母指定一个
氨基酸

蛋白质

图 3.2　基因是什么

# 基因是如何进化的

随着越来越多物种的基因组被测序，我们不仅可以追溯动物的身体如何进化，甚至还可以识别出这些变化背后的基因突变。

尤其引人注目的是，我们现在还可以看到基因——制造蛋白质的配方、生命的基石——最初是如何出现的。这个过程跟我们原先预想的不太一样。

进化出新基因的最明显方式是通过逐渐积累有益的微小突变。而一个已经在发挥某些重要作用的现存基因怎么能进化成一个不同基因，这一点并非那么清晰可查。在保证携带这种基因的生物体不会覆灭的情况下，基因改变方向的范围非常有限。然而，正如一个世纪前的生物学家们认识到的，当突变产生出一个完整的额外基因拷贝时，这种限制就不复存在了。

按照教科书上的说法，新基因形成的过程始于基因复制。在绝大多数情况下，其中一个拷贝将会获得有害突变，并就此丢失。不过，突变偶尔也会允许重复基因做些新奇的事。这个拷贝将会因其新的作用而变得专门化，而原来的基因则继续执行与以前相同的任务。

令人惊讶的是，业已证明，基因复制几乎和改变 DNA 代码中某一个"字母"的突变同样普遍。在有性生殖之前染色体间的物质交换过程中，发生的错误可以产生出长 DNA 序列的额外拷贝，其中可包含一个到数百个基因不等。整个染色体都可以被复制，就像在唐氏综合征中发生的那样，有时甚至可以复制整个基因组。

既然复制可以抛出数万亿份拷贝供进化所用，那么在数亿年的时间里，一个原始基因可以产生出数百个新基因也就不足为奇了。仅是嗅觉感受器这一项，我们人类就有大约 400 个基因，而所有这些基因都源自生活在 4.5 亿年前的一种鱼身上的两个基因。

## 并非全貌

然而，这种基因进化的经典观点远未完整地描述出全貌。基因通常具有不止一个功能，那么，当基因被复制时会发生什么呢？如果一次突变破坏了其中一个拷贝中两项功能的其中一项，生物体仍可以活得不错。因为另一个拷贝仍然完好无损。即使另一个拷贝中发生的另一次突变把第二项功能也破坏了，生物体仍然可以正常存活。这个生物体将不再拥有一个具备两种功能的基因，而是拥有两个各具一种功能的基因——这种机制被称为亚功能化。这个过程可以为进化进一步提供原料。

而对经典模型的真正挑战，来自对不同生物体内的新基因的实际研究。例如，通过对几种亲缘关系很近的果蝇物种的基因组进行比对，我们发现了一些新的基因，是这些物种从一个共同祖先中分化出来后，在大约 1300 万年里进化而来。研究显示，这些新基因中大约有 10% 是通过一种名为"逆向转座"的过程产生而来。当基因的信使 RNA 拷贝——发送到细胞蛋白质制造工厂的蓝图（见图 3.2）——被重新转换成 DNA，然后嵌入基因组的其他位置时，这种情况就会发生。许多病毒和基因寄生者都通过逆向转座来复制自身，它们产生的酶有时也会偶然地对宿主细胞的 RNA 进行逆向转座。

我们的类人猿祖先，正是由于这种逆向转座，进化出了很多现今属于我们的基因。证据表明，我们的祖先曾经出现过一场爆发式的逆向转座，在大约 4500 万年前达到巅峰水平，由此产生了成千上万的基因拷贝。其中至少有 60 个进化成了新的基因。这次爆发很可能是由于一种新的基因寄生者入侵了我们的基因组。

新基因的进化常常还包含了更为剧烈的变化。例如，在果蝇中，有三分之一的新基因与它们的亲本基因都存在显著差异，要么失去了部分序列，要么获得了新的 DNA 片段。

这些额外的序列究竟从何而来？在复杂的细胞中，蛋白质的 DNA 编码被分解成几个部分，并被非编码序列分隔开来。整个基因的 RNA 拷贝完成后，非编码位（内含子）被剪掉，编码部分（外显子）被拼接在一起。接下来，这种经过编辑的 RNA 拷贝被送到细胞的蛋白质制造工厂。基因的模块形式大大增加了突变对现有基因进行重组并产生新蛋白质的概率。这个过程可能会采取多种方式：一个基因内的外显子可能会丢失或复制，甚至与来自不同基因的外显子结合，从而产生出一个新的嵌合基因。

## 主题变奏曲

例如，大多数猴子会产生一种叫 TRIM5 的蛋白质，这种蛋白质可以保护它们免受逆转录病毒的感染。大约 1000 万年前，在亚洲的一只猕猴身上，通过逆向转座产生的一种名为 CypA 的不活跃基因副本被嵌入了 TRIM5 基因附近。进一步的突变导致细胞产生出了一种部分为 TRIM5、部分为 CypA 的嵌合蛋白。这种蛋白质对某些病毒起到了更好的保护作用。尽管这一系列事件发生的概率微乎其微，但事实上，TRIM5-CypA 基因进化实际完成了不止一次，而是两次——在南美洲的夜猴身上也发生了类似的进化。

如果具备充足的时间——或者更确切地说，是发生过次数足够多的突变——基因复制和重组就可以产生出与祖先基因大不相同的新基因。但是，所有的新基因都是同一个主题的变奏曲吗？或者说，进化会产生出与任何一种现存基因都截然不同的新基因吗？

几十年前，有人提出，所谓的移码突变可能会产生出独特的基因。蛋白质中的每个**氨基酸**是由 3 个 DNA "字母"或碱基（三联体密码子）指定的。如果突变将读取密码子的起始点（"读码框"）移动了一个碱基或者两个碱基，得出的蛋白质序列就会截然不同。由于 DNA 是双链的，所以任何给定的片段都可以用 6 种不同的方式来"读取"。

## 胡言乱语

绝大多数改变基因读码框的突变都会产生出无义突变，而且往往还很危险。有许多遗传疾病都源于移码突变破坏了蛋白质。这有点像是把每个字母都换成字母表里的下一个字母;结果产生的一般都是胡言乱语。不过也会有特例。

另一个独特的新基因来源可能是散落在大多数基因组中的"垃圾"DNA。很早以前就有相关发现。20年前,伊利诺伊大学的一个研究小组就曾揭示过一种南极鱼类身上防冻蛋白的诞生起源。该基因最初是为一种消化酶进行编码的,后来在大约1000万年前,随着全球气候变冷,其中一个内含子有一部分——换言之,就是一段"垃圾"DNA——被转化成了一个外显子,随后经过多次复制,产生出了抗冻蛋白特有的重复结构。从一个随机的DNA片段中,进化出了对这种鱼类生存至关重要的一个基因。

尽管如此,防冻基因仍然是从一个业已存在的基因进化而来的。那么,"垃圾"DNA中的突变从零开始产生出一个全新基因的概率有多大呢?直至最近,大多数生物学家仍然认为这种概率近似于零。毕竟,一段随机的DNA需要具备一系列可能性很低的条件才能进化成基因。首先,DNA的某一部分必须发挥启动子的作用,指示细胞为其余部分复制RNA。接下来,这些RNA拷贝必须形成一个序列,可以被编辑成供蛋白质制造工厂使用的一个可行的信使RNA蓝图。更重要的是,这个信使RNA还必须编码一个相对较长的蛋白质——平均长度为300个氨基酸——这是不太可能的,因为在一个随机DNA片段中,平均每20个密码子中就有一个是"停止"密码子。最后,当然了,这种新的蛋白质还必须发挥一些有用的功效。这诸多障碍似乎是无法逾越的。

这种观点在2006年发生了改变,当时,加州大学戴维斯分校(University of California, Davis)的大卫·比甘(David Begun)和他的同事们在果蝇身上识别出了一些新的基因,它们的序列与任何较早的基因都不一样。他们认为,这些基因编码的是相对较小的蛋白质,它们正是在过去几百万年间由"垃圾"DNA进化而来。几年后,对果蝇新基因的搜寻又发现了另外9个基因,似乎也是由

"垃圾"DNA从零开始进化而来的。另一项研究发现，有证据表明，自从人类和黑猩猩在600多万年前分道扬镳以来，至少有6种新的人类基因是从非编码DNA中产生的。

既然基因以这种方式进化的可能性如此之低，那最终怎么会有如此之高的数字呢？部分答案可能在于最近的一项研究发现：尽管我们至少有一半的基因组都是"垃圾"，但其中高达90%的基因组有时会被偶然转录成RNA。

这就意味着随机的"垃圾"DNA片段被翻译成蛋白质的情况或许并不罕见。由于大多数随机蛋白质很可能是有害的，所以自然选择会把这些DNA序列清除掉，但偶尔也有走运的时候。具备某些有益作用的序列会在一个种群中传播，并迅速进化成一个新的基因，无论扮演的是什么角色，它都将得到优化。

我们还需要更多时间，才能清楚地了解基因进化中各种机制间彼此相关的重要性。不过，可以肯定的是，现在有关基因进化的官方观点还远远不能解释所有问题。进化并不挑剔——它会把新基因带到它能带到的任何一个地方去。

随着序列数据的不断涌入，生物学家们已经准备好着手研究，人类大约20 000个基因中的每一个是如何进化而来的。

### 《自私的基因》

在1976年出版的《自私的基因》一书中，理查德·道金斯普及了这样一个概念：进化的真正单位是基因，而非个体。他在书中写道，人们是"盲目编程而来的机器载体，目的是保护那些自私的分子，它们被称为基因"。自此以后，"自私的基因"这个概念便一直主导着进化遗传学，成为近代以来最为成功的科学比喻，紧随其后的是"延伸的表现型"。这两个术语都由理查德·道金斯所创（参见第9章的采访），同时也是他最早的两本畅销科普书的书名。

《自私的基因》这本著作传达了这样的信息：进化是对基因的自然选择，也仅仅是针对基因的自然选择。道金斯将基因视为最适合作为进化的复制单位的候选者。因此，得以传递下去的基因是那些产生的结果在基因水平上对其自身有利的基因——可以继续得到复制——而不一定会在更宏观的水平上对生物体或生物体群体有利。

道金斯的著作《延伸的表现型》（The Extended Phenotype，1982年）完善了这一观点，认为基因为了得以生存和复制，将其影响延伸到了个体的外表，也就是所谓的表现型之外，进入会影响其生存概率的世界，诸如海狸的水坝或蜘蛛的网。不过，有许多生物学家认为，现在应该重新审视这种以基因为核心的进化论了（参见第11章）。

## 基因进化的经典五例

基因是地球生命的基础。随着对越来越多物种的基因组进行测序，遗传学家们正在拼凑出相当详细的基因结构。有了现代技术的帮助，我们不仅可以追踪动物的身体是如何进化的，甚至还可以确定这些变化背后的基因突变，正如我们最近报道的那样，基因有时会以令人惊讶的方式进化。不过在这里，为了赞颂DNA的多样性，让我们试举五个基因进化的经典例子。

### 识别颜色

你有没有意识到，你一眼就能发现颜色鲜艳的球，狗却很难看到？这是因为大多数哺乳动物对颜色敏感的视网膜色素，或者说视蛋白，只有两种，而人类有三种。也就是说，它们其实都是某种形式的色盲。

那我们为什么有三种呢？在类人猿和某些猴子的祖先中，MWS/LWS基因——这种基因，为多数哺乳动物眼睛均有的两种色素之一进行编码——得到了复制。原本多余的基因拷贝在发生突变时会迅速退化，但由于一个拷贝发生的突变导致视蛋白进化，可以察觉到不同光谱的光。而在这种情况下，我们获得了更胜一筹的三原色视觉。

不过，这个故事中还有一处转折。事实上，黄貂鱼的祖先比我们有更好的色觉，这要归功于它们有四种对颜色敏感的视蛋白。与我们不同的是，它们能看到紫外线和其他颜色。大多数两栖动物、爬行动物和鸟类都遗传了这种能力，那么，哺乳动物又是怎么丢失了两种对颜色敏感的视蛋白基因的呢？

答案很可能是因为最早出现的某些哺乳动物是在夜间活动的，它们几乎不需要那种只在白天起作用的、对颜色敏感的视蛋白。结果，这些基因发生了突变，有一些从此丢失了——如果无用，就会丢失。

我们的视觉原本也可能会沿着大不相同的路线进化。当壁虎的祖先变成夜行动物时，它们进化出了彩色夜视能力。

**晶莹剔透**

假如眼睛里没有晶状体蛋白的话，你就无法阅读这些文字。由于具有高折射率，这些透明的蛋白质可以令光线拐弯，使得眼睛里的晶状体能够将光线聚焦于视网膜上。那么，眼睛在进化时，是从哪里找到具有高折射率的透明蛋白的呢？我们得出的结论是，到处都是。

以 α-晶状体蛋白为例，它存在于包括人类在内的各种动物的眼睛里。这种蛋白最初是一种热休克蛋白——能让其他蛋白质维持其形状的蛋白。事实上,它现在仍然是一种热休克蛋白。在身体的某些只制造少量蛋白质的组织中,它依然扮演着这个角色。不过,晶状体中则会大量产生这种蛋白,在那里,它的主要功能是光学作用。

只有一个基因对 α-晶状体蛋白进行编码,那就是 HspB5。因此,要进化出一种新的功能——比如令光线拐弯——未必始终需要进化出一种为新蛋白质编码的全新基因。有时只需要在序列中发生几次突变,在特定组织类型中产生现有蛋白质的量就可以了。有时进化是会走捷径的。

## 模因：进化不仅发生于基因

"模因"一词是生物学家理查德·道金斯在 1976 年出版的《自私的基因》一书中创造出的。该书探讨了达尔文主义的原理。他认为,达尔文的自然选择进化论原理不一定仅仅适用于生物学。假设有某种复制机器,为相同的信息制造出大量略有差异的副本,鉴于这些副本中只有少数能存续下来,再次得以复制,那就必然会发生进化过程。

被复制、改变和选择的信息被称为复制因子,当应用于生物学时,这个过程很容易理解。在生物进化中,复制因子便是基因,但是,拥有复制因子的类似的进化系统也可能存在于其他领域。所以道金斯发明了"模因"这个词,将其作为一种文化上的复制因子。

凡是你通过模仿的方式从别人那里学到的东西都是模因,比如你的各种习惯：开左舵或右舵车、吃豆子吐司、穿牛仔裤或者去度假。你之所以那么做,是因为在你做这些事之前,别人已经这样做过,或者做过非常类似的事。模仿不同于其他形式的学习,它就是一种复制。大多数动物都能成为学习高手,比如松鼠会记住它们数以百计的食物储备,猫和狗会建立起广泛的心理地图。而这些都是通过联想、尝试、犯错学会的。唯有通过模仿，学习成果才能从一个动物传递到另一个动物身上。而人类在模仿他人方面更是无与伦比的。

模因本身就是复制因子的观点一直饱受诟病，有许多生物学家都对此表示反对。然而，模因论在解释人类本性方面可以发挥很大作用。根据模因理论，人类之所以与其他所有物种有着根本的不同，是因为唯有我们才是模因机器。人类的智力比起其他种类的智力不只是高一点，而是迥然不同，是基于一种全新的进化过程和一种迥异的信息收集方式。

## 来自鱼类的嗅觉

在数亿年的时间里，单个基因并非只能生产区区一两个新基因，而是可以通过基因复制产生出数百个新基因。例如，我们人类有大约 400 个对嗅觉感受器进行编码的基因，而所有这些基因都来自生活在 4.5 亿年前的一种非常早期的鱼类身上的两个原始基因。

这个基因"家族"的进化是个混乱的过程。基因组研究表明，哺乳动物在进化过程中，并非不断稳步地获取新的嗅觉感受器基因，也会有大量基因丢失——这一过程被称为"生死进化"。

这也导致了哺乳动物之间的巨大差异。你应该能猜到，狗的有效嗅觉感受器远多于人，大约有 800 个。可是，为什么牛的嗅觉感受器比狗还多，超过了 1000 个呢？

分子进化生物学家根井正利（Masatoshi Nei）认为，哺乳动物只要确保拥有最低数量的不同嗅觉感受器，便能拥有良好的嗅觉。而动物如何利用自身现有的那些嗅觉感受器——换言之，动物在发育过程中大脑的构造方式——对于其能否获得灵敏的嗅觉可能更为关键。

他提出，只要动物的嗅觉感受器基因多于其实际需要，就不存在自然选择，基因的获得和丢失都是随机的。换句话说，基因漂变或许可以解释为什么嗅觉感受器的数量和类型在哺乳动物中的差异如此之大。

## 毫无意义的双份

同源异型（HOX）基因是与控制动物胚胎发育密切相关的基因家族。它们是"主开关"，即在发育过程中协调激活其他基因的蛋白质。

所有同源异型基因都是从一个极早期动物体内的"原同源异型"基因进化而来的。这个原同源异型基因被反复复制，在脊椎动物的祖先当中产生了1个由13个同源异型基因组成的基因簇。然后，这个祖系的整个基因组又被复制，复制后再次被复制，从而形成了控制所有现存脊椎动物发育的4个同源异型基因簇。

在产生了哺乳动物的谱系中，基因组复制产生的52个基因有13个都丢失了，于是哺乳动物就只剩下了39个同源异型基因。然而，真正的谜团在于，为什么由基因组复制产生的基因副本留存了如此之多？为什么它们没有退化消失呢？备有多余的基因副本或许确有意义，但进化不会未雨绸缪。

同样的现象也出现在非洲爪蛙身上，即爪蟾蜍（Xenopuslaevis），非洲爪蛙的整个基因组在4000万年前复制完成。而所有这些额外的基因副本，绝大多数理应在很久以前就消失不见。然而，即便过了这么长的时间，仍有多达一半的重复基因被保留下来。

举例言之，2006年，盐湖城霍华德·休斯医学研究所（Howard Hughes Medical Institute）的马里奥·卡佩奇（Mario Capecchi）在一项引人注目的研究中逆转了同源异型基因家族的形成过程。他合并了两种现有的同源异型基因

HOXA1 和 HOXB1，从而重新造出了 HOX1 基因，它们正是从这一基因进化而来。被赋予了这个祖先基因而非两个现代基因的老鼠仍能正常发育。

他的研究表明，这两个新基因加在一起并没有比那个祖先基因更有用。换言之，复制后，这两个基因副本都发生退化。把一个基因替换成两个基因并没有带来任何好处：这个过程毫无意义。

1999 年提出的这种现象被称为亚功能化：当一个基因被复制时，原始基因的各项功能可能最终会由各个基因副本分别承担。对爪蛙的研究表明，亚功能化可以解释为什么至少有三分之一的基因副本被保留下来。

这表明，可能是由于遗传漂变和自然选择，基因组才会进化得更加复杂——拥有数量更多的基因。当然，一旦生物体获得了额外的基因，这些基因获得有益的新功能的概率也就更大。

### 神秘莫测的酶

1935 年，人类首次制成尼龙。但是，仅仅过了 40 年，也就是 1975 年，人们便发现一种细菌，它并非以尼龙本身为食，而是以生产尼龙的过程中产生的化学废料为食——而在尼龙诞生之前，这些化学物质并不存在。

后来人们发现，这种如今被称为"KI72 节杆菌"的细菌已经进化出了几种能够利用这些废料的酶。其中一种就是 6- 氨基己酸水解酶，由一种名为"NylB"的基因进行编码，俗称"尼龙酶"。

作为一个引人注目的正在起作用的进化实例，多年以来，尼龙酶吸引了许多人的关注。但关于它是如何进化而成的这一点，人们也存在很多困惑。

1984 年，遗传学家大野干（Susumu Ohno）提出了一种新式的基因进化方法，即通过"移码"突变，这种突变改变了基因密码的读取方式，从而彻底改变了蛋白质的氨基酸序列。他声称，尼龙酶便是这样进化而来的。

到了1992年，另一个研究团队又声称NylB基因是独一无二的，它通过一个相当复杂和特殊的机制进化而来。

日本兵库大学的根来正治（Seiji Negoro）则说，这两种说法都是错误的。他的团队发表了许多关于尼龙酶的结构与进化的研究成果。他的团队针对蛋白质结构的研究表明，尼龙酶与一种常见类型的酶非常相似，这种酶可以分解许多生物体内产生的天然抗生素：β-内酰胺酶。只需改变两个氨基酸——换句话说，也就是两次突变——就能将β-内酰胺酶结合位点变成能够结合尼龙副产品的位点。

不过，大野干对尼龙酶的看法虽是错误的，但他提出的移码突变是一种基因进化方式的看法却是正确的。现在，仅在人类身上就发现了数百个这样的例证。

---

### 谁需要新基因

为了实现新的功能，或者产生新的身体构件，生物体不一定非得进化出全新的基因不可。相同蛋白质在身体的不同部位往往会扮演不同的角色，而单个基因可以产生出许多蛋白质。

选择性剪接RNA——只包括基因的某些部分，而排除其他部分——可以产生各种各样大不相同的蛋白质。研究表明，选择性剪接在人类进化中的作用远高于我们的预期，大多数基因至少能产生出两种变异体。一个人类基因"bn2"可以产生2000多种不同的蛋白质，其中一些蛋白质根本不存在任何相似之处。而果蝇基因Dscam则可以令人震惊地产生出多达38 000个变异体。

这还不是全部。来自两个不同基因的RNA可以被编辑到一起，产生出一种新的蛋白质，这个过程被称为反式剪接，可以大大增加潜在蛋白质的数量。

# 以基因为中心的进化观路径

**公元前 5000 年**

当人类有选择性地大量培育更有价值的牲畜和农作物品种，如玉米、小麦和水稻时，他们就已经开始理解遗传了。

**公元前 400 年**

古希腊哲学家思考了人类遗传的机制。希波克拉底认为，遗传物质是体内的微小粒子，聚集在父母的体液中，这些粒子混合之后形成了后代的性状。

**1937 年**

T. 杜布赞斯基发展了现代综合论，用遗传学术语将进化定义为"基因库中等位基因（一种基因类型）的频率变化"。

**20 世纪 20 年代**

群体生物学这一新研究领域开始将达尔文和孟德尔的思想结合起来，确立了进化是如何在基因层面上运作的。

**1942 年**

恩斯特·迈尔（Ernst Mayr）概述了在例如地理障碍导致一个种群与原始物种在基因上变得互不相容时，新物种是如何进化的。

**1944 年**

研究证明遗传物质是 DNA，而非人们原先怀疑的蛋白质。

**1859 年**

查尔斯·达尔文出版了《物种起源》——这是他对通过自然选择发生进化的解释。书中包含了丰富的证据，说明了变异性状在种群中是如何变得更加普遍的，但并没有提出其传播的机制。

**1866 年**

奥古斯丁教会修道院的修道士格雷戈尔·孟德尔发表了关于豌豆遗传的细致研究，标志着现代遗传学的诞生。这些发现在 30 多年间一直被人们忽视。

**1905—1906 年**

生物学家威廉·贝特森创造了"遗传学"一词，他是孟德尔研究成果的主要支持者。很快，基因的概念就形成了。

**1900 年**

荷兰和德国植物学家重新发现了孟德尔的遗传定律。

**1868 年**

达尔文出版了《动物和植物在家养下的变异》（*The Variation of Animals and Plants under Domestication*）一书，概述了他的泛生论假说：被称为"泛子"的粒子将生物体的性状传递给后代。

**1951 年**

罗莎琳德·富兰克林（Rosalind Franklin）首次拍摄到了 DNA 的照片。两年后，詹姆斯·沃森（James Watson）和弗朗西斯·克里克（Francis Crick）确定了 DNA 的双螺旋结构。

**1990 年**

人类基因组计划（Human Genome Project）开始，这项工作在 13 年后完成，揭示了完整的序列。紧随其后的还有许多其他生物的基因组计划。

# 4

# 生命是如何开始的

　　进化的发生，首先需要某种主体的存在。但在地球形成后的数百万年间，这里并不存在生命，其环境恶劣得犹如地狱一般。然后，到了大约 38 亿年前，在地球表面冷却并形成海洋之后，令人惊奇的事情发生了。从地球上的原始化学物质中产生了一个能够进行自我复制的实体。生命诞生了。但生命究竟是如何开始的呢？

# 见见你的造物主

追根溯源，所有生命共同的祖先什么样呢？它是怎样生活的？这些我们可能永远无法确切查明，但研究人员已经开始全心关注这种消失已久的生命形式。

我们唯一可以确定的是，生命突然出现的时间必定晚于 45 亿年前地球形成，早于大约 34 亿年前第一块无可争议的化石出现。

1859 年，当达尔文出版《物种起源》时，他用了整整一章的篇幅来探讨"中间环节"缺失的问题。"中间环节"指的是过渡性的生命形态，它们填补了亲缘关系密切的物种之间的进化空白。如果他的理论是正确的，那么化石记录中应当充满了大量的过渡性生物。它们在哪里呢？

当时，这真的是个问题。因为几乎没有发现过这样的化石。后来，1861年有了始祖鸟这个惊人发现，它长着鸟类的翅膀和羽毛，又有恐龙的牙齿和尾巴。

自那以来，我们已经发现了大量的中间环节生物：会爬行的鱼、下颚像哺乳动物的蜥蜴、有腿的鲸鱼、短脖子长颈鹿，还有许多其他动物。但有一种生物我们不太可能找到，就是介于最早的原始生命形式和我们所知的生命形式之间的那个环节，也被称为所有物种最终的共同祖先，或曰"露卡"（LUCA）。

露卡生活在大约 40 亿年前，是一种微小而脆弱的生命形式。从非洲食蚁兽到斑马，露卡是已知的每一种生物的直接祖先。它不是最早出现的生命形式：在它之前，早已有过数千年的进化实验——或许是数百万年。但理解了露卡，我们就能更好地了解生命的起源。

我们已经对其有了惊人的了解。尽管露卡在岩石上留下的痕迹很可能在亿万年前就已消失殆尽，但我们今天却能在每一个有生命的细胞内找到通往它们本质的线索，包括人类的细胞内也是一样。所有的细胞都采用相同的遗传密码，即通过 DNA 的形式。这就表明，所有生物的共同祖先露卡是由 DNA 构成的。

## 孰先孰后?

起初，这个观点抛出了一个类似先有鸡还是先有蛋的问题。所有的生命都是用蛋白质来执行其基本功能的，包括产生 DNA 和执行其代码。但蛋白质本身又是按照 DNA 模板制造的，所以，DNA 和蛋白质，两者是相辅相成的。这二者哪个在先呢?

答案似乎是哪个都不在先。RNA 是 DNA 的近亲，它也存在于每一个有生命的细胞中，并且携带着遗传密码。与 DNA 不同的是，RNA 分子有自己的工具箱，充当酶的角色，催化着化学反应。我们目前关于生命起源的最佳理论被称为"RNA 世界假说"。该假说认为，遗传密码诞生于早期的 RNA 分子汤中，最终产生了 DNA 和第一批细胞。事实上，并非所有的生命都发生了这样的转变——有些病毒仍然是以 RNA 为基础的。

但这仍然给我们留下了一个问题：如果露卡是由 RNA 构成的，那 RNA 又从何而来? 作为最早的推测生命起源的科学家之一，达尔文设想出一个"温暖的小池塘，里面有各种各样的氨和磷酸盐，还有光、热、电，等等"。20 世纪 50 年代，美国化学家斯坦利·米勒（Stanley Miller）和哈罗德·尤里（Harold Urey）曾经做过一个著名的实验，试图用电轰击水和气体的混合物来找出答案。他们最终得到了少量的生物分子，并且自然而然地得出结论，只要辅以一场令人兴奋的电闪雷鸣，死物就可以变成活生生的基本构件。

可是，时至今日，这种认为一记晴天霹雳就能解决问题的想法已经被更加微妙的构想所取代。例如，伦敦大学学院（University College London）的尼克·莱恩（Nick Lane）认为，洋底温暖的喷口——把甲烷、矿物质和水混成了一锅汤的"黑烟囱"——为 RNA 的形成提供了适宜的条件。与此同时，科罗拉多大学博尔德分校（University of Colorado in Boulder）的迈克尔·雅路斯（Michael Yarus）则更倾向泥泞池塘的想法。他说，持续的冷冻和解冻可以有效地将化学物质结合到一起。

或者还存在两种方式的某种结合体，或者还另有其他的可能。有趣的是，近年来的一些实验试图诱导 RNA 产生，这证明了当化学反应恰到好处时，有许多构件似乎是自发形成的。这拓宽了生命起源的可能性。不仅如此，既然形成生命的化学反应是在我们的星球上自然开始的，那么，这些反应为什么就不能在其他地方发生呢？

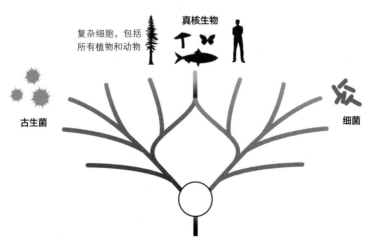

图 4.1　见见你的造物主：我们越来越接近于了解地球上所有生命最终的共同祖先（露卡）——它是什么模样的，以及它从哪里来

# 地球上最古老的生命痕迹

寻找已知最古老的化石是个有争议的领域。从与生命无关的矿物结构中很难区分出微生物化石，而古代生命留下的地球化学痕迹亦是如此。

2011 年，在澳大利亚西部一片有 34.3 亿年历史的海滩上，人们发现了令人信服的细胞生命最古老的化石证据。那里的沙砾在一个基本没有氧气的世界里为以硫为食的细胞提供了一处家园。

人们发现，这些细长而中空的圆管状细胞——很可能是细菌——聚集在一起，形成了链状结构，包裹在沙砾外。类似的食硫细菌直至今日仍然存活，在沙滩的表面下形成了若干静止的黑色层。

这些保存得相当完好的三维微生物化石是从一片古老的海滩上挖掘出来的——现在这里是砂岩地层。微生物中发现了未经氧化的硫铁矿颗粒，说明当时此处没有氧气。

自这一发现以来，还曾有人报道过据说更为古老的化石，但这些结构究竟是生命的证据还是源于非生物，至今仍然没有定论。

2016 年，《自然》（Nature）杂志刊载的一篇报道称，在格陵兰岛上有着 37 亿年历史的岩石中发现了一些结构，似乎可以作为早期地球浅海中存在微生物的证据。这些结构的高度不超过几厘米，看起来就像叠层石（由生活在水中的光合微生物形成——过去和现在都是如此——的层状土丘）。分析表明，这些结构具有与海水相同的化学特征，故而它们起源于海洋。总之，在岩石中发现了不可能存在于此的微生物化石遗迹，是非常理想的例证。

## 更加古老？

在此之后，2017 年又有了一项更引人注目也更具争议的发现。伦敦大学学院的马修·多德（Matthew Dodd）和他的同事们分析了从加拿大魁北克北部的努瓦吉图克带（Nuvvuagittuq belt）采集到的岩石。这里的岩石至少有 37.5 亿年的历史，有一些地质学家则认为它们的历史长达 42.9 亿年左右，也就是说，它们只比地球本身的历史略短一点。

与所有如此古老的岩石一样，它们也经历过剧烈的变化。这些岩石曾在地球深处停留过一段时间，被那里超过 500℃ 的高温所烘烤，极大的压力促使它们变形。但地质学家仍能读取到线索，证明它们形成于地球初期海洋底部。值得注意的是，它们似乎将远古深海存在热液喷口的证据保存了下来——这正是许多人认为最有可能孕育出生命的环境。

多德和他的同事们相信，他们已经在富含铁的岩石中发现了早期生命的证据，这些岩石最初形成于温度相对较低的火山口周围（低于 160℃），包含着由氧化铁构成、在显微镜下可见的管状物和细丝。而生活在现代深海热液喷口周围垫子般的菌落中的细菌也有类似的结构。

更重要的是，这些细丝附近的物质中包含了具有生物过程的同位素平衡特征的碳元素，其中一些碳元素存在于富含磷的矿物晶体中，这也暗示了早期生物的存在，因为磷是地球上所有生命都不可或缺的元素。

多德表示，综上所述，该证据指向了一条无法回避的结论：地球在形成初期是微生物的家园，这些微生物与如今在低温热液喷口周围发现的微生物非常相似。

这一结论如果得到证实，将会具有多方面的意义。这可能将生命存在的记录远溯到 42.9 亿年前，证明栖居在我们星球上的生物出现的时间早得惊人。

更重要的是，这还将证明生命是在深海喷口周围开始的，生物体在这样的环境下，必须从地热过程中汲取能量，因为那里甚至几乎完全没有阳光。这也会有助于让地质证据与遗传学及生物化学研究取得的发现接轨，这些发现表明，生命出现在深海热液区，而非在发现大多数早期化石的阳光普照的浅水环境中。

但并非所有人都如此确信这些结构是生命的证据，或者脆弱的微观结构能够在经受了高温和地底深处压力的岩石中留存下来。

或许多年以后，大家才能达成共识。在研究可能有 42.9 亿年历史的"化石"时，仓促行事没有多大意义。

## 地球上的生命可能出现过不止一次，而是多次

在地球 45 亿年的历史中，我们所知晓的生命只出现过一回。我们星球上的所有生物都具有相同的化学成分，而且都可以追溯到最终的共同祖先——露卡。所以我们抱着这样的假设：生命的开始必定很艰难，只有同时具备一组近乎不可能的条件才可能发生。

真的是这样吗？生物学家旨在重现生命最初时刻的简单实验正在挑战这一假设。生命似乎是一种基本的化学反应——不需要施加魔法，不需要稀有的成分，也不需要突如其来的晴天霹雳。

而且，这还暗示了一种更具吸引力的可能性：生命可能并不是在某个具备化学成分的幸运的原始池塘里突然一次性出现的，而是有过众多的起源。生命起源可能曾经在千万年间以大量不同的形式一而再再而三地上演，直到其余所有生命形式在地球上的首次大灭绝中统统被消灭一空，情况才变成了我们今

天看到的这番模样。在地球形成的初期，我们所知的生命或许并不孤单。

需要澄清的是，这里我们所谓的起源，远在动物、植物甚至微生物出现之前。我们回到的是最开始的地方，当时唯一符合"生命"这个描述的东西差不多还仅仅是分子机器。即便如此，当剥离了身体、器官和细胞，将一切都还原为基本反应之后，情况还是显得异常复杂。生命最起码需要某种代码，它需要使用这种代码来制造有用的分子机器，而且该代码还必须具备自我复制的能力。

在过去的几十年里，人们用各种各样的外力来解释生命的某些初始组成部分是如何产生的。在 20 世纪 50 年代著名的尤里－米勒（Urey-Miller）实验中，采用的触发器是模仿闪电击中水的一记电击（参见"生命需要一记晴天霹雳才能开始吗？"）。其他一些理论所用的外力则是由陨石或彗星带来的地外物质。

---

**生命需要一记晴天霹雳才能开始吗？**

　　20 世纪 50 年代，两位化学家斯坦利·米勒和哈罗德·尤里首次证明，生命的某些基本构件可以用更简单的材料制成。核心元素是电。他们把自己所认为的地球早期可能存在的气体和水混合在一起，然后用模拟闪电对其进行轰击，并由此产生了氨基酸，而所有的现代蛋白质都由这种分子构成。

　　生命并不见得需要蛋白质才能产生，但到了某些阶段，蛋白质确实就成了必不可少的物质，所有的现存生物都依靠大约 20 种同样的氨基酸来制造蛋白质。氨基酸确实很容易就能形成，这一点越来越显而易见：在太空中，但凡在天体生物学家愿意寻找的随便哪个地方，几乎都能找到它们的踪影。有些氨基酸是在陨石上以及绕 67P 彗星——丘留莫夫－格拉西缅科彗星（Churyumov-Gerasimenko）——运行的罗塞塔探测器发现的。

　　实验还表明，必定要有某种能量输入才会产生这些氨基酸——无论是来自陨石撞击产生的冲击波，还是通过热液喷口从地球深处传来的热量，皆有可能。因此，尽管构建遗传密码可能并不需要晴天霹雳，但要形成蛋白质很可能还是需要的。

图 4.2　生命或许需要一记晴天霹雳才能开始

## 生命是从何处开始的

　　最近，对生命起源感兴趣的化学家们采用了一种更有条理的研究方法来解决这个问题。他们把最初起源分解成各个组成阶段（见图 4.1），通过这种方式来逐步揭示最初生命火花的奥秘。他们的发现指向了一个大不相同的开端。

　　对于英国剑桥 MRC 分子生物学实验室（MRC Laboratory of Molecular Biology）的菲利普·霍利格尔（Philipp Holliger）来说，生命与非生命的区别就在于遗传密码。"生物有记忆，而化学物质没有，"他说，"对我来说，信息的起源其实就是生命的起源。"许多生物学家都支持生命起源的 RNA 世界假说。该假说认为，在 DNA 出现之前，信息就包含在它的近亲 RNA 中。这两种分子都是由重复单元（或曰"字母"）组成的长串。因此，在这个版本的生命起源经过当中，构建生命的第一步必定就是制造 RNA 的构件。

2016 年 5 月，德国慕尼黑大学（Ludwig Maximilian University of Munich）的生物分子化学家托马斯·卡瑞尔（Thomas Carell）宣布，他的团队发现了一种非常简单的方法，可以用地球早期可能大量存在的物质——氰化氢、氨和甲酸——来制造其中的某些单元。他设计的化学反应证明，RNA 可以相对轻易地制造出来。"真的不需要特殊的条件，"他说，"这些反应在任何一处都可以发生——小池塘、深海，随便什么地方都行。"

这样一来，我们就有了组成代码的字母——即便它们在自由飘浮的形态下用处不大。不过这会使接下来的过程简单很多。20 年前，英国化学家莱斯利·奥吉尔（Leslie Orgel）就已证明，只要能获得 RNA 的构件，它们就会自发地组装成链状。他所需要的只有黏土。因为在某些黏土里的晶体携带着一种天然的电荷，这种电荷似乎会吸引 RNA 字母，并促使它们排列起来，互相黏在一起。

## 从代码到机器

不过，我们离生命依然还有一段距离。只有把代码作为模板来制造类似蛋白质——所有生物的构建材料和引擎——的东西时，它才是有用的。在我们体内，这称为基因表达，是一个在精密的分子机器监督下的极其复杂的过程。它们基本上不可能就这么从远古的泥土里冒出来。在最初的生命形式中怎么可能无须这些呢？科罗拉多大学博尔德分校的迈克尔·雅路斯确信，他有答案。他的研究团队发现了一种简单得令人诧异的反应，他们说，这种反应看起来像是非常原始的基因表达。他们将重复的 RNA 链与额外的自由漂浮的 RNA 字母在水中混合到一起，他们发现，这些字母会自发地排列形成新的分子。最初的 RNA 链似乎发挥了模板的作用。有趣的是，这些新形成的分子看起来很像我们体内一些最简单的化学机器，名为"辅酶"。

但是，要创造出生命还需要其他步骤。随便你问个人，生命的关键特性是什么？大多数人最后都能答出"繁殖"。有生命的东西会对自身进行复制，没有生命的则不会，比如石头。如果不繁殖，生命就没有出路。

今天，我们有专门负责复制 DNA 的酶。但 2016 年 6 月，哈佛医学院（Harvard Medical School）的进化化学家杰克·绍斯塔克（Jack Szostak）领导的一个研究团队发现，RNA 不借助任何酶的帮助就可以高效地进行自我复制。他们将一个 RNA 模板与自由漂浮的 RNA 构件混合到一起，这跟雅路斯的做法一样。但绍斯塔克增加了少数与模板各部分相匹配的 RNA 片段，这么做产生的结果就大不相同了。这些片段似乎启动了一个复制过程，很快，他们的团队就得到了相当准确的模板副本。

"这些反应很容易就可以发生。"绍斯塔克说。之前其他人已经能够在不借助酶的情况下复制出 RNA，但是这些反应发生得更快。他说，这些小小的辅助碎片非常短，完全有可能在 40 亿年前自发形成。

绍斯塔克的团队认为，这些反应或类似的反应可能就是复制的早期形式——尽管未必每一次都能产生完美的副本。最终会进化出新的模板，编码出真正有用的新产物，比如形成细胞壁。到了这个时候，更好的复制方式就会变得重要起来。

① 制作基因构件

② 将其组装成链，以创建模板或代码

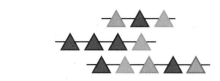

③ 用代码制作原始的分子机器

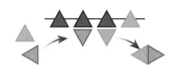

④ 复制代码以创造新的生物

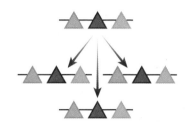

图 4.3　创造生命四阶段

## 多次起源

综上所述，所有这些发现都表明，构建一个原始的 RNA 世界可能并不像人们原先认为的，是宇宙中仅此一次的特殊现象。这引出了一个有趣的可能性：生命的最初阶段并非只发生过一次，而是曾经一而再再而三地发生。

如果这种可能性属实的话，那么，生命的最初纪元就是一场伟大的实验。许多不同种类的活分子机器可能在原始汤池中突然出现，其中某些分子机器胜过了其他的。它们或许可以在一段时间内共存，但最终只有最成功的那一个才留存下来，这要么是因为它比其余所有的分子机器更优秀，要么是因为环境发生了对它有利的改变，要么纯粹出于偶然。这发生在数十亿年前，有可能是地球上的第一次大规模灭绝。

## 复杂生命形式的低概率进化以及其他星球上的生命

人们常常假设，一旦诞生了简单的生命形式，那么，在合适的条件下，它就会逐渐进化得更加复杂。但地球上的情况并非如此。在简单的细胞首次出现后，又迁延了相当长的时间——长度几乎相当于地球历史的一半——才形成复杂细胞。而且，在长达40亿年的进化时间里，简单细胞进化为复杂细胞的次数仅有一次：这是一种相当罕见的异常现象，说明这实属特例。

如果简单细胞在长达数十亿年的时间里缓慢进化成更为复杂的细胞，那么应当存在过各种各样过渡性的细胞，而且其中某些细胞应当仍然存在。但事实上两者间空无一物，反倒是存在着一条巨大的鸿沟。一边是**原核生物（细菌和古生菌）**，无论是细胞体积还是基因组尺寸都十分微小；另一边则是庞大而笨重的真核细胞。典型的单细胞真核生物的体积要比细菌大15 000倍，基因组大小的差异也与此相仿。

地球上所有复杂的生命形式——动物、植物、真菌等——都是真核生物，它们都是由同一个祖先进化而来的。因此，如果不是某次事件催生出真核细胞，也就不会有植物和鱼类，更不会有恐龙和类人猿。伦敦大学学院的生物学家尼克·莱恩说，简单细胞并不具备合适的细胞结构，无法进化成更复杂的形式。

他认为，为了长得更大、变得更复杂，细胞就必须产生更多的能量。而真核生物解决这个问题的办法是获取其他细菌，这些细菌进化成了被称为"线粒体"的微型发电机，提供了产生复杂生命所需的能量。他说："很难想象还有什么其他办法可以解决能量问题，我们知道，这样的事情在地球上只发生过一次，因为所有的真核生物都起源于一个共同的祖先。"

因此，复杂生命形式的出现似乎取决于一次侥幸成功的偶然事件——一个简单细胞被另一个简单细胞捕获。莱恩还声称，这一反常事件发生的概率极低，这可以解释为什么我们还没有在宇宙中的其他地方发现外星生命存在的证据。

## 基因水平转移：将生命之树连根拔起

1837 年 7 月，查尔斯·达尔文脑内灵光一闪。他在伦敦家中的书房里将红色皮质笔记本翻到新的一页，写下了"我想"二字。然后他画了一幅速写，是一棵又细又高的树。

据我们所知，这是达尔文第一次不算太认真地用"生命之树"的概念来解释不同物种之间的进化关系。结果这个概念变成了硕果累累的思想：22 年后，当他出版《物种起源》时，达尔文画下的那棵又细又高的树已经长成了一棵参天橡树。这本著作里无数次提到这棵树，而它唯一的示意图就是一幅分叉结构图，展示了一个物种是如何进化成多个物种的。

生命之树的概念一直是理解地球生命史的总纲原理。达尔文假设只存在"垂直"的血统遗传，生物体将其性状传递给后代。但是，如果物种也会常规性地与其他物种交换遗传物质，或者与之杂交呢？

这样一来，整齐的分叉结构很快就会退化成一片相互纠缠、难以穿透的密林，物种在某些方面密切相关，但在其他方面却没有关联。

如今我们已经明白，实际情况正是如此，这主要发生在单细胞生物领域。随着先进的基因测序技术的出现，有一点已经变得很明显了：只有在常规性地与其他物种交换基因物质的情况下，生物的两大域——细菌和古生菌，统称原核生物——之间的关联模式才能解释得通，这样的交换通常跨越了遥远的分类学距离，这一过程被称为"基因水平转移"（HGT）。

通常情况下，许多细菌的基因组中约有10%的基因似乎都是通过这种方式从其他生物体处获取的，不过其所占比例可能比这个百分比要高好几倍。因此，微生物个体或许可以接触到它周围整个微生物种群内的基因，包括来自其他微生物物种的基因。

令人惊讶的是，基因水平转移在生物的第三大域——真核生物中也很常见。首先，越来越多的学者接受了这样的观点，即真核生物是由两种原核生物（一种属于细菌，另一种属于古生菌）融合而成，这就将生命之树的该区域变成了环状结构，而非分叉结构。

在一种名为"内共生"的过程作用下，整齐的分叉树图变得越发模糊不清。人们认为，在进化早期，真核生物吞噬了两个自由生活的原核生物。其中一个产生出了名为线粒体的细胞"发电机"；另一个则成了叶绿体的前体，也就是光合作用发生的地方。这些"内共生体"随后将大量基因组转移到真核生物宿主的基因组中，形成了杂交基因组。

在多细胞生物中，基因水平转移的其他案例也频频出现（参见"让动物的谱系模糊化"）。

人类基因组可能也包含了从其他生物体中搜罗到的基因，且数量多得惊人。2015年的一项研究确定，人类DNA中有145个基因似乎都是从较为简单的生物体内直接提取的。

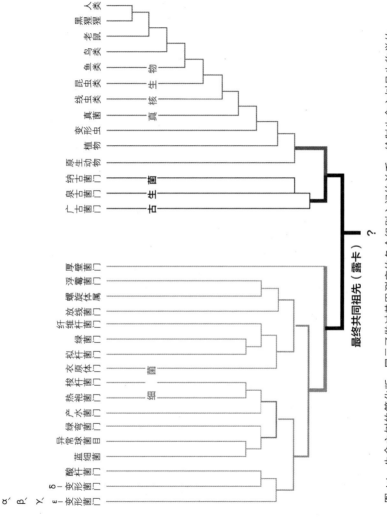

图 4.4　生命之树的简化版，展示了做过基因测序的各个组别之间的关系。绘制生命之树是生物学的一大目标，不过现在有人认为，根据现有的知识，这是一种错误的设想

### 让动物的谱系模糊化

动物从细菌、病毒甚至其他动物那里"水平"获取基因的例子有很多。

- 母牛的基因组中包含了一个大约在5000万年前水平进入的蛇的DNA。

- 合胞素这种对胎盘的形成至关重要的人类基因起源于一种病毒。

- 体形极小的八腿缓步类动物以极端的生存技能著称，在它们的DNA以及许多保护性基因当中，有多达1/6的部分都是从细菌和其他生物体内搜罗来的。

- 人们发现，一只果蝇的基因组中融入了沃尔巴克氏菌的整个基因组。这只果蝇实际上是苍蝇和细菌的嵌合体。

基因在动物体内发生水平转移的数量远少于在微生物体内发生的，但可能具有进化上的重大意义。即便如此，目前（暂且）还没有人认为生命之树的概念在动植物中已经失去了作用。垂直的血统传递虽然不再是唯一的主导力量，但它仍然是解释多细胞生物体如何发生相互关联的最佳方式。在这方面，达尔文的远见卓识大获全胜：他对微生物体一无所知，仅以周围看得见的植物和动物为基础建立起了他的理论。

### 是树还是灌木丛？这一点为何重要？

你可能正在想：等一下。微生物可能会与四面八方交换基因，那又有什么关系呢？毫无疑问，我们所关心的动植物仍然可以用树状图来精确地加以表示，那有什么问题呢？

首先，生物学是生命的科学，而第一个生命体是单细胞。微生物在地球上已经生活了至少38亿年，而多细胞生物直到大约9亿年前才出现。即便时至今日，在所有已知物种当中，细菌、古生菌和单细胞真核生物也至少占了90%。如果只从数量多寡来判断，我们甚至可以说地球上所有的生物基本上全是微生物。如果仅仅因为多细胞生物是以树状的形式进化的，就认为地球上生命的进化过程与树相似，那绝不恰当。英国埃克塞特大学（University of Exeter）的生物哲学家约翰·迪普雷（John Dupré）说："如果说确有一棵生命之树的话，那它就是从生命之网中长出来的一种小小的异常结构。"

但很明显，达尔文树已不足以充分描述进化一般是如何进行的。有些进化关系固然是树状的，但还有许多进化关系并非如此。

## 遗传密码的进化

进化是如何产生出遗传密码和所有生物体普遍采用的基本遗传机制的呢？大多数生物学家都支持弗朗西斯·克里克（DNA 结构的发现者之一）的看法，认为这是"历史的偶然事件"。但先驱微生物学家卡尔·乌斯（Carl Woese）和物理学家奈杰尔·戈登菲尔德（Nigel Goldenfeld）仔细观察了地球生命的早期阶段，得出了一个惊人的结论：达尔文进化论根本无法解释这样的密码是如何产生的，但基因水平转移却可以做到。

尽管遗传密码早在 20 世纪 60 年代就被世人发现，但谁也解释不了进化究竟是如何使其进行如此精妙的调整以抵御差错的。DNA 编码中总会发生突变，但它产生的蛋白质却往往不受这些小故障的影响。

遗传密码的本质是 3 个连续碱基的序列，称为"密码子"，对应于特定的氨基酸。蛋白质是由氨基酸链组成的，所以，当基因被转录成蛋白质时，正是这些密码子决定了哪个氨基酸要被添加到这个链上来。例如，密码子 AAU 代表的是天冬氨酸，而 UGU 则代表半胱氨酸。总共有 64 个密码子和 20 种氨基酸，这意味着密码略显冗余，多个密码子在指定相同的氨基酸。

## 完美的密码

这种密码普遍存在，所有的生物体都在使用，生物学家早就知道，它具有若干令人惊叹的特性。比如，20 世纪 60 年代早期，乌斯本人就曾指出，密码子之所以有着很高的容错度，原因就在于相似的密码子指定了相同的氨基酸，或是具有相似化学性质的两个氨基酸。因此，当密码子改变时，单个碱基的突变对产生的蛋白质的特性几乎没什么影响。

1991 年，牛津大学的遗传学家戴维·黑格（David Haig）和劳伦斯·赫斯特（Lawrence Hurst）开展了进一步的研究，证明这种密码的容错度相当惊人。他们假设出大量遗传密码，并研究其容错性。这些密码都是基于相同的碱基对，但密码子与氨基酸是随机相关的。他们发现，其密码在减少错误方面的表现非常出色，近乎达到百万里挑一的水平。从进化论的角度考虑，这似乎说明了什么。然而直到现在，还没有人能对此做出解释。乌斯和戈登菲尔德说，原因是每个人都在用错误的方式来思考进化。

乌斯和戈登菲尔德与生物学家卡林·维特西根（Kalin Vetsigian）合作，建立了一个虚拟世界，他们可以在这个虚拟世界中多次重演历史，并在不同条件下测试遗传密码的进化情况。他们从不同生物体使用的随机初始密码开始——

使用相同的 DNA 碱基，但密码子和氨基酸的组合不同——首先考察了在普通的达尔文式进化中，密码可能会以怎样的方式进化。随着时间的推移，虽然密码的容错能力有所提高，但他们也发现，得出的结果在两个方面与我们实际看到的模式并不一致。首先，密码始终没有被所有生物体共同采用——无论研究小组进行多久的模拟实验，仍有许多不同的密码还在使用。其次，在他们运行的模拟实验中，没有一次有任何一种密码进化到了实际密码所具备的最优结构。

# 时间轴：生命的进化

**38 亿年前**

这是我们对地球上生命起源的时间所做的最佳猜测。在这之后的某一时刻，一个共同的祖先产生了两大主要的生命群体：细菌和古生菌。

**34 亿年前**

第一批光合细菌发生了进化。

**5.4 亿年前**

寒武纪大爆发开始，出现了许多新的形体构造。

**6.3 亿年前**

某些动物第一次进化出了双侧对称性，也就是说，它们现在有了明确的上下和前后。最早出现的两侧对称动物是一种蠕虫。

**5.3 亿年前**

第一种真正的脊椎动物（有脊椎的动物）出现了，它的模样很可能与七鳃鳗或盲鳗这样的鳗鱼有些相似。

**5 亿年前**

化石证据表明，此时动物们正在陆地上探索。

**1.5 亿年前**

著名的"第一鸟"始祖鸟生活在欧洲。

**2 亿年前**

原始哺乳动物进化出了温血性——不管外部条件如何，都能保持体内恒定温度的能力。

**7500 万年前**

现代灵长类动物的祖先是从现代啮齿动物和兔形动物（兔子、野兔和鼠兔）的祖先中分化出来的。这些啮齿类动物后来取得了惊人的成功，最终在现代哺乳动物当中占据了40% 的比例。

**6500 万年前**

白垩纪—第三纪大灭绝（又称 K-T 灭绝事件）让一大批物种就此消失，其中包括大多数恐龙。这次灭绝为后来统治这个星球的哺乳动物扫清了道路。

要确定具体事件发生的时间往往并不容易，这取决于确定发现化石的岩石年代，以及观察生物体 DNA 中的"分子钟"。但这两种方法都存在着困难，也就是说，下图中时间轴上的日期应被视为近似日期。根据惯例，我们追溯的地质年代越是久远，日期就越不确定。

## 21 亿年前

真核细胞形成，也就是具有内部"器官"的细胞。

## 15 亿年前

真核生物分化为三组：现代植物、真菌和动物，它们的祖先分别形成了不同的谱系。

## 8 亿年前

早期的多细胞动物经历了第一次分化。首先，它们基本上分成了海绵和其他动物。

## 9 亿年前

第一个多细胞生命体发育。

## 4.89 亿年前

奥陶纪生物大辐射事件（Great Ordovician Biodiversification Event）开始，导致生物多样性大幅增加。在每一个主要的动植物群体中，都有许多新的品种出现。

## 4 亿年前

已知最古老的昆虫大约生活在这一时期。某些植物进化出了木质的茎。

## 2.5 亿年前

地球历史上最大规模的物种灭绝发生了，大量物种消失。后来，蜥形类动物（包括现代爬行动物再加上恐龙和鸟类）占据了主导地位。哺乳动物的祖先作为夜间活动的小型动物存活了下来。

## 3.97 亿年前

进化出了最早的四足动物（有四条腿的动物）。它们征服了陆地，并繁衍出所有的两栖动物、爬行动物、鸟类和哺乳动物。

## 6300 万年前

灵长类动物分化为两组。一组后来成为现代狐猴和狐猿，另一组发展成了猴子、猿和人类。

## 600 万年前

人类与其近亲黑猩猩和倭黑猩猩分道扬镳。不久以后，古人类开始用两腿行走。

## 水平转移最优

他们允许不同的生物体之间发生基因水平转移后，得出的结果截然不同。当有益的基因创新可以在整个系统中水平传播时，密码很快就发现了相对的最优结构，并将其通用于所有生物体之中。研究人员不可避免地会得出以下结论：遗传密码必定出现在由基因水平转移主导的早期进化阶段。

要确定这一早期进程的细节仍是一项艰巨的任务。然而，模拟实验表明，基因水平转移使生命在整体上获得了统一的遗传机制，从而使创新得以更轻松地共享。因此，研究人员怀疑，进化早期经历了一系列阶段才出现了达尔文的进化形式：第一阶段导致了一种通用遗传密码的出现；随后，进化的第二阶段应当包含了随处可见的基因水平转移（由于有了通用的遗传机制，这一点才得以实现），导致生物体的复杂性呈现指数级的飞速提升；最终又让位于进化的第三阶段，在这个阶段当中，细胞核心功能的基因转移变成了以垂直转移为主。这一新的达尔文时代之所以会到来，是因为在经过一段时间后，这些核心功能的基因水平转移便不再有效，因为已经没有新的基因可供转移了。

生命似乎起源于一个集体存在的网状阶段，其中没有物种的概念，甚至有可能连个体性这一概念都不存在。

### 激增的生物多样性

自生命的最初形成过去了 30 亿年之后，生命突然变得丰富多彩了。动物多样性的第一次激增被称为"寒武纪大爆发"，始于距今约 5.4 亿年前。在寒武纪开始后的短短 2000 万年间，我们如今在身边看到的所有基本动物类型（"门"）除了其中一个之外，都出现在了化石记录中。

动物进化的第二次大爆发被称为"奥陶纪生物大辐射事件"（见图 4.5）。它始于大约 4.89 亿年前，当时大规模的藻类繁殖提供了丰富的食物供应，从而带来了更甚于寒武纪的进化宝藏。

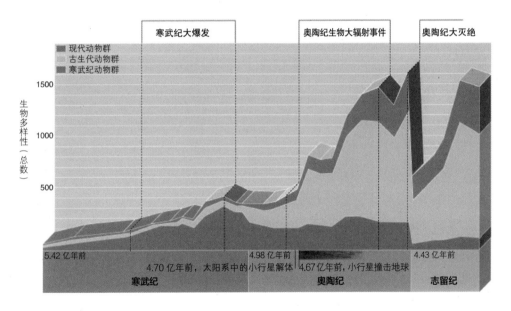

图 4.5　生命的创世大爆炸：与奥陶纪发生的情况相比，寒武纪"大爆炸"就显得很弱了

# 5

# 自然界最伟大的创造

　　进化是盲目而野蛮的，并无目的，却造就了已知的宇宙中一些最为精巧的机器。它时不时地会偶然发生一次真正惊人的创新，这样的创新改写了生命的规则。以下是生命的一些最不可思议的创新。

# 多细胞生物

在浴室里思考一下这个问题吧。刚才你用来擦背的那玩意儿，很可能算是进化最伟大的创造之一的绝佳例证，或者起码能当一件上好的塑料展品。

海绵是多细胞生命体的关键一例，这种创新把生物从孤立的细胞转变成了令人难以置信的复杂躯体。它是生命迈出的一大步，至少先后进化了16次。动物、陆生植物、真菌和藻类全都参与其中。

细胞之间的齐心协力已经有几十亿年的历史了。甚至就连细菌也能做到这一点，它们可以形成具有三维结构和某些分工的复杂菌落。但是，亿万年前，真核细胞——将DNA包裹在细胞核内的更为复杂的细胞——将这种合作推进到了一种新的高度。它们形成了永久性的菌落，其中某些细胞致力于完成不同的任务，如负责营养或排泄，它们的行为也得到了很好的协调。

真核生物之所以能够实现这一飞跃，是因为它们已经进化出了许多针对其他用途的必要特性。许多单细胞真核生物可以特化或"分化"成若干细胞类型，从事专门的特定任务。比如，与另一个细胞交配。它们通过化学信号系统感知周围的环境，其中一些系统类似于多细胞生物体里用来协调细胞行为的信号系统。它们用来发现和捕获猎物的黏性表面分子，与动物和其他多细胞生物体内的相同。

那这一飞跃是由什么引起的呢？有一种观点认为，细胞聚集在一起有助于避免被单细胞捕食者吃掉，因为这样一来，捕食者就无法一口吞下它们。另一种观点认为，单细胞能做到的事情往往受到限制——例如，大多数单细胞无法同时既长出鞭毛来移动，又进行分裂。但如果其中的每个细胞依次轮流的话，一个菌落就可以在移动的同时进行细胞分裂。

目前，研究人员正在研究与最早的多细胞生物亲缘关系最近的生物（例如被称为领鞭毛虫的单细胞原生动物）的基因组，借此来重建关于最早的多细胞生物的生物学知识。这有助于理解动物是如何在大约 6 亿年前从这些生物进化而来的。领鞭毛虫与海绵（这个步骤中唯一幸存下来的亲历者）拥有共同的祖先，而领鞭毛虫拥有数量惊人的分子，相当于动物特有的信号分子和细胞黏性分子。

然而，体积更大、构造更复杂并不见得就更好。单细胞生命体在生物量和物种数量上仍然远远超过多细胞生命体。

# 眼睛

眼睛诞生的过程，在进化之旅中只能算是电光石火的一瞬，但它从此永远地改变了生命的规则。在眼睛出现之前，生命更温良、更驯顺，占据主导地位的是懒洋洋地躺在海里的软体蠕虫。眼睛的诞生开辟了一个更加残酷、充满竞争的世界。视觉使动物具备了成为积极捕猎者的可能，并引发了一场改变了这颗星球的进化军备竞赛。

眼睛最早出现的时间大约是在 5.43 亿年前，也就是寒武纪的开端，最早长出眼睛的是一群名为"莱德利基虫"（Redlichia）的三叶虫。它们的眼睛是复眼，与现代昆虫的眼睛相似，很可能从感光凹点进化而来。在化石记录中，它们的突然出现令人猝不及防——5.44 亿年前的三叶虫祖先可没有眼睛。

那么，在那神奇的 100 万年间发生了什么呢？眼睛既然这么复杂，那肯定不可能是突然出现的吧？但瑞典隆德大学（Lund University）的丹-埃里克·尼尔森（Dan-Eric Nilsson）认为，情况并非如此。按照他的计算，只需 50 万年的

图 5.1　眼睛的发展引发了一场改变了这颗星球的进化
军备竞赛

时间，一小团感光细胞组成的斑块就可能进化出一只复眼。

　　这并不是说二者之间只有微不足道的差异。在远早于寒武纪开始之前，感光细胞组成的斑块很可能就已经普遍存在了。这使得早期的动物能够探测到光线，并感知光线来自哪个方向。这种原始的感觉器官至今仍见于水母、扁形虫和其他一些鲜为人知的原始生物群体，而其作用显然聊胜于无。但它们还算不上是眼睛。真正的眼睛还需要额外的部分——可以聚焦光线、形成图像的晶状体。

　　三叶虫并不是唯一偶然长出了眼睛的动物。生物学家认为，尽管基因证据表明，所有动物的眼睛都源自同一祖先，但眼睛有可能是在多种情况下独立进化而成的。但不管怎样，三叶虫都是最先长出眼睛的动物。

　　眼睛带来了何其巨大的变化啊！在早期寒武纪那个没有视觉的世界，视觉不啻一种超能力。三叶虫的眼睛使它们得以成为第一批积极的捕食者，能够寻找和追捕食物，而在此之前的任何一种动物都无法与之抗衡。不出所料，它们的猎物发生了对抗性的进化。仅仅几百万年之后，眼睛就变得司空见惯，动物们的进化也更加积极活跃，比如防御性的甲胄。这种进化革新的大量爆发也就是我们现在所说的寒武纪大爆发。

然而，视力并不是一种普遍现象。在 37 个多细胞动物门中，只有 6 个进化出了眼睛，所以尽管它貌似算不上那种极为伟大的创造——可假如你驻足思考一下，具备视觉的这 6 个门（包括我们自己所属的脊索动物门，还有节肢动物门和软体动物门）恰好是这颗星球上数量最多、分布最广、最为成功的动物。

# 大脑

大脑往往被视为进化登峰造极的成就，赋予了人类终极的特性，如语言、智力和意识。但在此之前，大脑的进化还伴随着一项同样惊人的突破，那就是使生命从植物中解脱出来。大脑第一次为生物体提供了一种可能，使其能在比世代更短的时间尺度上，应对环境的变化。

神经系统让两项极其有用的功能付诸实践：运动和记忆。如果你是一株植物，你的食物来源消失了，那就不好办了。可是，如果你有能够控制肌肉的神经系统，那你就可以四处走动，去寻找食物、交配对象和栖身之所。

最简单的神经系统就是刺胞动物——水母、海胆和海葵——的环状回路。这些动物或许不算特别聪明，但它们仍能找到自己需要的东西，并以比植物复杂得多的方式与世界进行互动。

大脑之后，进化的下一阶段很可能发生在寒武纪的扁形虫身上。这个阶段，增加了某种控制系统，使运动更具目的性。当时的原始大脑只不过多一点点额外的回路，帮着将神经网络组织起来。

借助这样的武器，最早的水生生物的首要任务便是寻找食物。生物体需要从有毒的食物中挑选出有营养的食物，而大脑可以帮助它们做到这一点。当然了，无论观察哪一种动物，你都会发现，大脑总是在嘴的附近。在一些极为原始的无脊椎动物中，食道实际上是直接从大脑中间穿过的。

有了大脑就有了感觉，好去判断所处的世界是好是坏，进而便有了记忆。总之，这些都让动物得以实时监测情况是在好转还是恶化，反过来又使得简单的预测和奖励系统变为可能。即使是大脑非常简单的动物——如昆虫、蛞蝓或扁形虫——也可以利用它们的经验来预测下一步最好是做什么或吃什么，并且拥有一个奖励系统来对好的选择加以强化。

人类大脑所具备的更复杂的功能——例如社会互动、决策和同理心——似乎是从这些控制食物摄入的基本系统进化而来的。控制我们决定要吃什么的感觉变成了凭直觉做出的决策，我们称之为直觉。在人类额叶皮层中，处理决策和社会交往的那些高度发达的部分恰好紧挨着控制味觉、嗅觉，以及嘴巴、舌头和内脏运动的部分。我们亲吻潜在的伴侣也是有原因的——这是我们所知的最原始的查明情况的方式。

## 语言

就人类而言，语言必定是最终极的进化创新。从意识、同理心和心理时间旅行到象征主义、灵性和道德，语言是使我们与众不同的大部分因素之核心所在。

我们的祖先究竟是如何发生这一大飞跃的，这是科学最难解释的问题之一。复杂的语言——通过下级从句的层次结构来构建句意明确、有句法和语法规则的语言——只进化出一次。唯有人类的大脑才能产生语言。

但是，为什么我们在进化上的近亲黑猩猩和其他灵长类动物都不具备类似的能力呢？答案可能在于人类独有的神经网络，它允许我们进行合乎语法的语言所需的复杂层级处理。这些神经网络是由我们的基因和经验塑造而成的。第一个与语言相关的基因 FOXP2 于 2001 年被世人发现。

虽然人类和黑猩猩都有 FOXP2 基因，但人类和黑猩猩的 FOXP2 基因版本不同，针对大脑基因产生的影响也不同。更重要的是，人类新生儿的大脑远不如刚出生的黑猩猩发达，这就意味着我们的神经网络是在语言环境中经过多年的发育形成的。

从某种意义上来说，语言是生物进化中的最终成就，因为这种特定的进化革新让拥有语言者得以超越纯粹的生物学领域。有了语言，我们的祖先就能够创造出自己的环境——我们现在称之为文化——并适应它，而不需要做出基因上的改变。

# 光合作用

从阳光中获取能量的能力对生命产生了极为深远的影响，鲜有哪种创新能与之相提并论。光合作用千真万确地改变了我们这颗星球的面貌，改变了大气层，把地球包裹在一层能够抵御致命辐射的保护罩中。

没有光合作用，大气中就不会有氧气，也就不会有动物和植物——只有微生物能在矿物质和二氧化碳的原始环境中勉强生存。光合作用把生命从这些限制中解放出来，它产生的氧气为复杂生命形式的出现奠定了基础。

在光合作用出现之前，生命是由单细胞微生物组成的，它们的能量来源是诸如硫、铁和甲烷等化学物质。然而，大约在 34 亿年前或者更早时候，有一群微生物发展进化出从阳光中获取能量的能力。这种能力帮助它们制造碳水化合物，以满足生长和供能所需。目前尚不清楚它们是如何实现这一壮举的，但遗传学研究表明，集光装置是从一种蛋白质进化而来，这种蛋白质的功能是在分子之间传递能量。总之，光合作用得以实现。

但是，在早期的光合作用过程中并没有产生氧气。它的起始成分是硫化氢和二氧化碳，生成的最终产物是碳水化合物和硫。一段时间之后——具体多久尚不确定——微生物又进化出了一种新的光合作用，使用一种不同的资源，也就是水，副产品就是氧气。

在早期阶段，氧气对生命体是有毒的。但它在大气中逐渐积累，直到某些微生物进化出了耐受氧气的机制，并最终找到了把氧气用作能量来源的方法。这也是一个非常重要的进化：利用氧气燃烧碳水化合物来获取能量的效率是不利用氧气的 18 倍。

自此以后，地球上的生命具备了充沛的能量，为复杂的多细胞生命形式的发展奠定了基础——包括植物，它们从名为"蓝细菌"的光合细菌那里"借用"了光合器官。今天，地球上的生命使用的几乎所有能量都是直接或间接地通过光合作用产生的。

光合作用产生的氧气不仅提供了一种燃烧养料的高效方式，还有助于保护生命。地球持续不断地处于来自太阳的致命紫外线辐射的轰击下。我们的含氧大气层还有一个意外收获，便是在地球表面 20~60 千米的上空形成了臭氧层，过滤掉了大部分有害的紫外线。这把保护伞使生命得以逃离海洋的庇护，在干燥的陆地上繁衍生息。

现在，地球上的几乎每一种生物化学过程最终都依赖于太阳能的输入。

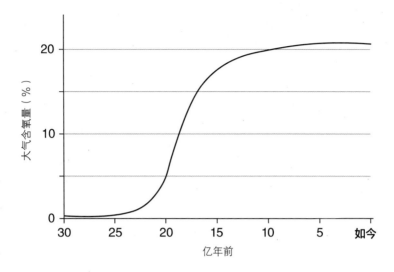

图 5.2　适合动物生存的世界：当光合作用取得成功时，便产生了我们所呼吸的氧气

# 性

鸟类如此，蜜蜂如此——对绝大多数物种来说，有性繁殖是唯一的选择。它是地球上某些最令人印象深刻的生物奇观形成的原因，从庞大到连在太空中都能看见的大量繁殖的珊瑚，到煞费苦心的性表现，如园丁鸟的舞蹈、雄鹿的鹿角，以及（按照某些生物学家的说法）诗歌、音乐和其他艺术。性甚至可能是维持生命本身继续发展的原因：放弃了性的物种几乎都在几百代之内灭绝了。

不过，性虽然很重要，但生物学家们仍在争论它是如何进化形成的，以及为什么没有半途而废。这是因为从表面上看，性似乎是一种失败的策略。

无性繁殖应该更适应才对，这有两个原因。首先，在争夺资源的战斗中，无性繁殖的物种应该能够轻而易举地战胜有性繁殖的物种。其次，因为精子和卵子各自只包含双亲基因组合中的一半，所以有性繁殖的生物体只能将 50% 的自身基因遗传给下一代。而无性繁殖的物种却可以保证 100% 的传递。

但很明显，这种推理是有问题的。的确，有许多物种——包括昆虫、蜥蜴和植物——在无性的情况下也能生活得不错，至少在一段时间内如此；但有性繁殖的物种数量远远多于它们。

长久以来，有性繁殖之所以能取得成功，一般归因于这种繁殖方式打乱了基因组合，引入了变异，并且允许有害的突变得到清除（正是突变最终消灭了大多数的无性物种）。变异很重要，因为它使生命能够对正在变化的环境做出反应，包括与捕食者、猎物还有（尤其是）寄生者的相互作用。无性繁殖有时被比作抽奖活动中买了 100 张彩票，而每一张的号码都是相同的。远胜于此的做法是只买 50 张彩票，但每一张的号码都不同。

不管我们现在明白了性是多么有用，都无助于我们知晓性是如何开始的。它可能本来是像 DNA 修复一样平淡无奇的事。无性繁殖的单细胞生物可能发展出了周期性地先倍增其遗传物质然后再减半的习惯，这让它们能够通过替换备用组的方式来修复任何的 DNA 损伤。在卵子和精子产生的过程中，类似的 DNA 交换仍在发生。

寄生者也在这个框架内。被称为"转座子"的 DNA 寄生段复制的方式就是将自身拷贝嵌入细胞的正常遗传物质中。不妨想象一下，单细胞生物体内的一个转座子发生了一种突变，碰巧可导致其宿主细胞在再次分裂前与其他细胞发生周期性的融合。这种原始性形式的转座子能够在许多不同的细胞间进行水平传播。一旦在某个种群中出现，寄生性的性行为就会很快流行起来。

# 死亡

进化会带来死神吗？是的，确实如此。当然了，并不是传统意义上的那个死神——生物总是会因为诸如饥饿或受伤等灾祸而死亡。但除此之外还有另一种死亡，亦即细胞——也许甚至是整个生物体，这一点存在争议——选择了毁灭，因为毁灭能给某个更大的整体带来收益。换句话说，死亡是一种进化策略。

这在多种形式的细胞程序性死亡或细胞凋亡中最为明显，在每一种多细胞生物身上都能见到这种自毁机制。你的手上有 5 根手指，因为当你还是胚胎的时候，曾经生活在这 5 根手指之间的细胞就已经死亡了。小到只有 8～16 个细胞的胚胎——形成受精卵后只经过 3～4 次细胞分裂——依赖于细胞死亡：阻止细胞凋亡，发育就会出问题。如果没有死亡，我们甚至根本无从出生。

即使是成年人，我们活着也离不开死亡。没有细胞凋亡，癌症就会在我们身上泛滥成灾。你的细胞在不断积累着突变，导致你在严格控制下的细胞分裂有失控的危险。但是，监控系统——诸如包含 p53 蛋白、被称为"基因组守护者"的那一系统——几乎可以检测到所有这些错误，并引导受到影响的细胞自毁。

细胞程序性死亡在日常生活中也发挥着重要作用。它可以确保肠道内壁细胞不断更新，并利用死亡细胞在我们皮肤上生成外保护层。当免疫系统完成对感染的清除后，此时多余的白细胞会有序地自行死亡，好让炎症逐渐消退。植物利用细胞死亡作为对抗病原体的焦土防卫策略的一部分，隔离感染区域，然后一举杀死其中所有的细胞。

生物体如何从牺牲少数细胞中获益是显而易见的。但进化也可能与整个生物体的死亡有关。所有高等生物的细胞在仅仅分裂了几十次之后就开始衰老或老化，最终导致生物体本身的死亡。在某种程度上，这是又一种防止失控性增长的措施。但有一种存在争议的理论认为，这是一种与生俱来的基因老化程序的一部分，为我们所有生物的寿命设定了一个上限。

大多数进化生物学家都反对先天"死亡程序"的观点。他们指出，毕竟，动物死于衰老的方式多种多样，并不是像凋亡细胞那样仅仅通过单一途径。相反，他们把衰老看作一种进化垃圾场：自然选择几乎没什么理由去消除到了晚年才会出现的缺陷，因为鲜有个体能足够幸运地活到老年。不过既然现在人们一般都能活到远高于育龄期的岁数，我们便忍受着进化从未打算让我们发现的创新：老死。

# 寄生

这个名词是偷窃、欺骗以及鬼鬼祟祟的恶行的同义词。但寄生体与宿主之间由来已久的斗争是进化中最强大的驱动力之一，如果没有这些掠夺者和揩油者，生命就绝不会是如今这番模样。

从病毒到绦虫，从藤壶到鸟类，寄生体是这颗星球上最成功的生物体之一，毫不留情地利用着已知的每一种生物。就拿绦虫来说吧。这种流线型寄生虫只不过是生殖腺加上一个长满钩子的脑袋，由于是在宿主营养丰富的消化系统深处游动，它根本无须内脏。人体内绦虫的平均寿命为 18 年，其间能产100 亿个卵。

有许多寄生虫（如小肝吸虫）也精通操纵宿主行为的艺术。如果蚂蚁的大脑感染了吸虫幼体，蚂蚁就会在其驱使下爬到草叶顶端，在那里，它们有更大概率被吸虫的终极宿主（羊）吃掉。

可以说，寄生体的体积越小，对进化的影响越大。细菌、原生动物和病毒能够影响宿主的进化，是因为只有最顽强的宿主才能在感染后存活下来。人类也不例外：几种遗传性疾病的基因在单个遗传时可以预防传染病。比如，镰状细胞性贫血基因的一个副作用是可以预防疟疾。这种情况至今仍在发生。再比如，艾滋病毒和结核病正在推动我们的部分基因组（如免疫系统基因）进行进化改变。

宿主也可以影响其寄生体的进化。例如，需要通过人与人接触来进行传播的疾病往往会进化得不那么致命，从而确保感染者存活的时间至少可以将疾病传播下去。

寄生体还可以在更基本的层面上推动进化。被称为"转座子"的DNA寄生段可以在整个基因组内对自身进行剪切和粘贴，转化为新的基因，或者促进DNA突变和重组，从而推动基因变异。它们甚至与性的起源也有所关联，因为它们可能驱动了细胞融合和配子形成的选择。

### 其他的伟大创新

当然了，还有许多其他的进化创新真正改变了地球上的生命。固氮作用便是其中之一。如果没有能将大气中惰性的氮气转化为有机化合物的细菌，从而使其他生命形式得以利用这种基本元素，那陆地上很可能就不会出现陆地植物，也不可能产生陆地动物。

进化的另一项伟大创举是使眼睛和大脑得以发育。如果没有基因系统来定义生物体的前后、上下、左右，并监督组织折叠形成器官的过程，那地球上的生命形态肯定会更像是一种黏液。

# 超个体

超个体是指大量的个体和谐地生活在一起，通过劳动分工和分享劳动成果来实现更好的生活状态。我们称这种幸福的状态为乌托邦，至少自从有历史记载以来，我们就一直在努力实现乌托邦。唉，到目前为止，我们的努力都白费了。然而，进化在这方面却做得更好。

以僧帽水母为例。它看起来可能只是漂浮在公海上的一团普通水母，但用显微镜加以放大观察，你却会发现，看似长有触手的个体实际上是由单细胞生物组成的群落。这些"管水母目动物"已经把劳动分工变成了一门艺术。其中一些专司移动，一些专管进食，一些则专门负责营养分配。

这种团体共存带来了巨大的收益。它让抱团的生物体得以自由游动，要不然的话，它们就只能扎根于海底。它们聚集在一起能更好地抵御捕食者、应对环境压力、开拓新的领地。僧帽水母是真正的超个体。

群体式生存已经进化过很多次，既然有这些益处，这也就不足为奇了。不过，正如黏液细菌的例子所表明的那样，它也伴随一个巨大的缺陷。这些微生物可能是最简单的群体生物。在正常情况下，单个细菌会独自拖着黏液轨迹滑动；只有当它们的环境中缺乏某些氨基酸时，个体才开始聚集到一起。由此产生的超个体包括一根茎干，顶部是含有孢子的子实体。但既然只有形成孢子的细菌才有机会扩散并形成新的生命，那其他细菌为什么要与之配合呢？这种合作是如何演变而成的？又是如何防止欺诈行为的？对于某些类型的群体生活来说，这些仍然还不清楚。

但在群居昆虫这样一群动物中，我们确已知道其中的诀窍是什么——而且这个诀窍十分巧妙。雌性由受精卵发育而来，而雄性则由未受精卵发育而来，这种决定性别的方法被称为单倍二倍性，可以确保姊妹之间的关系比与自身后代之间的关系更紧密。这意味着它们让自身基因最有机会得以生存的方式是互相照顾，而不是自己产卵。正是这一点使蜂房和白蚁丘的中心以及其他许多昆虫群落得以保持稳定，单倍二倍性在这些群落中至少进化过 10 次。

所有蚂蚁和白蚁、组织性最强的蜜蜂和黄蜂以及其他某些物种（并非都有单倍二倍性）均具有真正的社会性，即学术领域内所称的"真社会性"。尽管这些微型社会需要谨慎地监督，以防出现欺诈行为，但这很可能已经是地球上最接近乌托邦的状态了。

图 5.3　僧帽水母看起来虽然像水母，但实际上却是由单细胞生物组成的群体

### 进化的差错

进化也可能距离完美越来越远，以下是一些例证。

● 女性骨盆：人类适应了直立行走，这使得分娩对于人类女性比对其他任何一种灵长类动物都更加危险。

● 线性染色体：当细胞分裂时，线性染色体的末端会受到侵蚀，而圆形染色体则不会发生这种情况。

● 突变的 GLO 基因：与大多数灵长类动物一样，由于古洛糖酸内酯氧化酶（GLO）基因突变，人类也无法生成维生素 C，这致使我们容易患上坏血病——除非我们在饮食中摄入充足的维生素 C。

- 气管：位于食道旁边，这意味着很容易出现窒息的情况。

- 脆弱的脑细胞：只要缺氧几分钟，人类大脑就会受到永久性的损伤，而肩章鲨鱼在缺氧的情况下可以存活一个多小时。

- 齿状突：最后一节颈椎的这个延伸物很容易发生骨折，从而导致脑干损伤。

- 脚：从树上下来以后，我们最终是用下肢的"手腕"在走路，这产生了各种结构性的弱点。

- Y 染色体：由于不能与 X 染色体交换 DNA，Y 染色体正在逐渐积累突变。

# 共生

龇着牙齿的鳄鱼、珊瑚礁、兰花、用黑暗中的发光物当诱饵的鱼、务农的蚂蚁，上述这些都是食物交换产生的结果——用食物来换取清洁服务、交通工具、遮阳棚、庇护所，当然了，也换取其他食物。

共生关系有多种定义，但我们将其理解为两个物种在生理上形成了亲密而互利的依赖关系，其中几乎总是会涉及食物。共生关系在进化中引发了翻天覆地的转变，而进化又反过来不断产生出新的共生关系。

也许最关键的耦合是那些倍加复杂的细胞，或者说真核细胞。真核生物利用专门的细胞器（如线粒体和叶绿体）从食物或阳光中吸收能量。这些细胞器原本是较为简单的原核细胞，被真核生物将其吞噬，进入了一段永恒的共生关系中。假如没有它们，生命的关键性发展——如复杂性提升和多细胞动植物——

就不会发生。

共生现象在进化过程中如此频繁地突然出现，以至于可以说共生是规律而非特例。在深海中的鮟鱇鱼嘴巴上晃来晃去的附器中寄生着发光细菌，被光线引来的体形较小的鱼很容易成为它们的猎物。在海洋表面，珊瑚虫为进行光合作用的藻类提供栖息地，并以无机废物交换有机碳化合物——这正是营养匮乏的热带水域能够维持这么多生命的原因之一。海藻还会产生一种吸收紫外线并保护珊瑚的化学物质。

人们认为，有超过 90% 的植物物种参与了共生耦合。例如，兰花的种子跟灰尘所差无几，几乎不含任何营养物质，为了发芽和生长，它们就会消化种子上的真菌。

千鸟从鳄鱼的牙齿上啄下水蛭，为鳄鱼清洁牙齿，也换得食物作为回报。切叶蚁用切碎的树叶作为肥料，供它们在地下洞穴中培植的真菌食用。这些蚂蚁无法消化树叶，但以树叶为食的真菌在分解树叶中毒素的同时，也为蚂蚁做出了一顿含有糖和淀粉的美味大餐。如果没有生活在脏器中、消化食物并产生维生素的细菌，包括我们人类在内，没有任何一种动物能维持生存。

## 但是……大自然的创造力并非无穷无尽

似乎在人类登场之前很久，大自然就发明了几乎一切可以发明的东西，包括轮子（参见"轮子是一种非常有效的交通工具，那为什么大自然中从来没有进化出轮子呢？"）。然而，有些结构显然很有用，却从未经由进化形成——而且很可能永远也进化不出，至少在地球上不会。

有些人指出，拥有"内置机关枪"的斑马很少会被狮子骚扰。那么，进化为什么能发明出一些东西，却发明不出另一些呢？

这是个极难应对的问题：我们该怎么研究没发生过的事？要回答这道难题，有个办法是从一个问题开始，这个问题是那些否认进化论的人提出的，他们相信，大自然有许多创新（比如眼睛或细菌的鞭毛）非常复杂，根本不可能是靠进化形成的。他们问：半成形的翅膀有什么用？

事实证明它非常有用。昆虫的翅膀可能是由可以拍打的鱼鳃进化而来，原先的用途是在水面上划水前行。这是扩展适应的一个例子——结构和行为都出于某个目的而发生进化，但最后的结果却完全改头换面了，而且在进化过程的每一个中间阶段都依然有用。

然而，如果把这个观点反过来看，那就说明有些功能之所以没能进化而成，是因为半途而废真的毫无用处。例如，双向无线电或许对许多不同的动物都有用，可以用来发出无声的警报呼叫，或者定位同一物种的其他成员。那它为什么没有进化形成呢？最近发明的纳米级无线电接收器表明，这在物理上并非不可能实现。

答案兴许是半套无线电真的没用。探测自然界的无线电波——例如来自闪电的电波——不会让动物获得任何关于其所处环境的有用信息，这也就意味着不会出现让生物体可以探测到无线电波的突变选择。反过来，既然没任何探测无线电波的手段，那发射无线电波也就没有任何作用了。出于类似的原因，可能也无法通过进化形成雷达。

这与可见光的反差简直再显著不过了。很明显，在许多环境当中，仅仅探察到有没有光也会带来益处，即使只能看到模糊的图像也比什么都看不见强，以此类推，如果眼睛能像鹰眼般锐利就更不用说了。

## 海藻的天空

能发出可见光同样很有用，即使是对那些自身无法察觉可见光的生物来说也是如此。例如，对于那些发出的光照亮了海浪的浮游植物来说，发光是一种召唤方法，可以招来那些猎食其敌人的捕食者。类似的观点也适用于声音：不难看出，回声定位在蝙蝠、洞穴金丝燕和鲸鱼等群体中是如何独立进化出各种形式的。

人们可能也会觉得好奇，为什么从来没有进化出像气球一样飘浮在空中的植物？乍看之下，这个想法似乎并不算太牵强：许多海藻上都有被称为"气囊"的漂浮物，里面充满了氧气或二氧化碳，另一些藻类还可以产生氢气。所以，只要用氢气填满一个又大又薄的气囊，那海藻或许就可以飞起来了。会飞的植物在采光方面比水生植物和陆生植物都强，从而会具备巨大的优势，那为什么我们的天空中并没有充满活生生的绿气球呢？

也许部分原因在于，囊膜极薄的大型气囊更容易遭到捕食者的摧毁和海浪的破坏，所以永远也进化不出中间阶段。更重要的是，藻类只有在水中缺少硫的情况下才会产生氢气，而且氢气分子的体积实在太小，无论装在怎样的气囊中都难免会泄漏。至少在我们这颗星球上，半只氢气球看起来什么用处也没有。即使是进化也有其局限性。

> **轮子是一种非常有效的交通工具，那为什么大自然中从来没有进化出轮子呢？**
>
> "大自然中没有产生过轮子"是不正确的说法：细菌已经借助轮子移动了数百万年。轮子是细菌鞭毛形成的基础，鞭毛的外观看起来有点像开瓶器，通过不断旋转来推动生物体前进。所有细菌中，大约半数至少有一

根鞭毛。

每一根鞭毛都附着在一个嵌入细胞膜的"轮子"上，该"轮子"由一个微型发电机驱动，每秒旋转数百次。这算是一种精密的纳米技术，甚至还有个反向齿轮。

所以，我们千万不能说大自然没有进化出过轮子，考虑到现存的巨量细菌，世界上的轮子大有可能比其他任何一种移动形式都更多。

也有像轮子一样滚动的宏观生命形式，比如风滚草。还有一种生活在加利福尼亚山区的蝾螈，当受到威胁时，它就会蜷成一团，滚下山去。珍珠蛾毛虫更是厉害，为了躲避捕食者，它在平坦的地面上也可以滚个四五圈。

# 6

# 神话与误解

对于那些从未有机会深入了解生物学或一般科学的人来说，那些针对进化论，进而提出的超自然替代物的主张，似乎更有说服力。即使是在真正接受了进化现实的人当中，误解仍然比比皆是。我们大多数人都乐于承认自己并不理解一切，比如物理学中的量子力学。但涉及进化论时，有些人却会犹豫不肯承认。事实上，正如生物学家所发现的那样，进化有可能比他们的前辈曾经想象过的更加奇怪。

# 进化论：困惑者的指南

以下是关于进化论的一些初级的常见神话与误解。

## 万物皆适应

与普遍的看法相反，并非所有动植物的特性都是与环境相适应的，或是自然选择带来的结果。

为什么我们当中有那么多人，晚上坐在电视机前，吃着用微波炉热的饭？难道果真如研究人员曾经得出的结论，现代的电视就相当于新石器时代的火，坐在电视机前吃晚餐是"人类进化了几十万年的自然结果"吗？

别笑。针对我们身体或行为的几乎任何一个方面，人们很容易编造出进化"就是如此"的说法来加以解释。我们都倾向于认为万物皆有一个目的，但这种想法往往是错误的。

比方说雄性的乳头。雄性哺乳动物显然不需要乳头。它们之所以有乳头是因为雌性有：长乳头不需要付出多少代价，故而也就没有压力迫使两性进化出不同的发育路径，以阻止雄性长出乳头。某些研究人员声称，雌性性高潮的存在也是出于同样的原因，不过关于这一点的争议要多得多。

或者想一想你的嗅觉吧。你是觉得玫瑰花的香气简直浓得让你受不了，还是根本闻不到任何香气？你能闻出大多数人在吃了芦笋以后，尿液中散发出的独特气味吗？人与人的嗅觉差异很大，这很可能与自然选择并没有什么关联，倒是与嗅觉感受器基因编码的偶然突变关系更大一些。

虽然还有一些特性确实是由自然选择而产生的，但完全是针对另一种性状的选择所致。举例而言，俾格米人身材矮小，这种特性本身可能并不具备什么生存方面的优势，而是自然选择使死亡率高的群体早育而带来的副作用。类似的是，由于同一基因在不同发育时期或身体不同部位往往具有不同的作用，因此，选择一种在某方面有益的变体可能会产生其他看似无关的影响。男同性恋或许就是提高女性生育能力的基因变异体带来的副作用。更重要的是，如果一个普通甚至水准不高的基因变异体恰好位于一个非常有益的基因附近，那它就可能在种群中迅速传播。

植物和动物的其他某些特征（如鸵鸟的翅膀）是原本的用途已不再需要的适应表现。这些残留的性状之所以能得以继续存在，是因为它们对个体的生存概率没有影响，或者已经承担起了另一种功能，或者即便已经变得有所不利，也是出现于规模太小或传递代数太少的种群中，以至于进化尚未将其消灭。

在人类身上，最典型的例子就是阑尾了。虽然很多人都声称阑尾有这样或那样的功能，但证据是明摆着的：没阑尾比有阑尾更容易存活。另一个例子则是智齿。下颚缩小和弱化使得我们祖先的大脑得以增大，但留给臼齿的空间却变小了。然而，我们当中有许多人却仍会长出已经无处容身的牙齿，而这可能会造成致命的后果。

进化心理学声名狼藉的一点在于，它试图将人类行为的每一个方面——从园艺到强奸——都解释为我们祖先在非洲大草原上生活时产生的一种适应表现。某些行为或许确实是过去的适应表现，但在没有任何证据的情况下，关于电视晚餐是进化结果的说法则不可尽信。

## 进化论是无法证伪的

有各种各样的发现和实验原本可以证明进化论是错误的，但自从达尔文发表他的理论之后，一个半世纪以来，还没有哪一个人做到过这一点。

当被人问及有什么可以反驳进化论时，生物学家霍尔丹吼出了他那句名言："前寒武纪的兔子化石。"他的意思是，在世界各地出土的数百万化石中，进化预示的都是渐进性的变化：多细胞生物应该出现在单细胞生物之后；有颌的鱼应该出现在无颌的鱼之后，诸如此类。只要有一两个例外，就可以对这一理论构成挑战。比方说，假如最早的两栖动物化石比最早的鱼类化石更古老，这就表明两栖动物不可能是从鱼类进化而来。而在任何地方都没有发现过这样的例外。

假如发现了哺乳动物和鸟类杂交的产物，比如长有羽毛的兔子，也是可以推翻进化论的。有些动物兼有哺乳动物和爬行动物的特征，比如针鼹；也有些化石兼有鸟类和爬行动物的特征，比如有牙齿的始祖鸟。但是，没有任何一种动物兼有哺乳动物和鸟类的特征。如果鸟类和哺乳动物是由不同的爬行动物群体进化而来的，这恰恰就是理应出现的情况，而"设计师"没有理由不把这些特征混合到一起，创造出长着羽毛、肺部像鸟类的哺乳动物，或者毛茸茸、会哺乳的鸵鸟。

年轻的地球对进化论来说也是个问题，因为正如达尔文意识到的那样，由自然选择推动的进化需要漫长的时间——"深时"。一些人认为，在19世纪，当物理学家威廉·汤姆森（William Thomson）计算出地球的历史仅有3000万年的时候，进化论就被证伪了。而事实上，铅同位素之类的某些证据表明，地球甚至比达尔文想象中的还要古老——大约已有45亿年的历史了。

假设生命是被设计出来的，而不是进化形成的。在这种情况下，看起来相似的生物体可能有着截然不同的内部运作机制，就像LCD（液晶显示器）屏幕其实与等离子屏幕的运作原理截然不同。然而，基因组研究的爆发式发现表明，所有生物的运作方式基本上是相同的：它们都使用相同的遗传密码来存储和翻译信息，即便在最原始的生物体中也只存在少数次要的变异。就算是在表面上似乎迥然不同的物种之间，也有大量的信息是一模一样的，或只有微小的差异。

更重要的是，复杂生物的基因组显示出其中并不存在任何智慧或远见。你的 DNA 主要是由数百万个已经不再起作用的寄生 DNA 副本组成。由此一来，不可避免地就会得出这样的结论：如果生命是被设计而成的，那这位设计师就是懒惰、愚蠢而残忍的。

不仅如此，如果生物体是为了扮演特定角色而设计出来的，那它们可能就无法适应不断变化的环境。但事实恰恰相反，无数实验——无论是不是事先计划好的实验——表明，只要变化不是太过突兀，那无论哪种生物都会随着环境的改变而进化。在实验室里，对生物体的生活环境加以微调已使研究人员得以造出具有各种新性状的细菌、植物和动物，甚至是全新的物种。在自然环境下，人类活动正在重新塑造许多物种。举例言之，城市里的鸟类正从乡间的近亲当中分化出来；有些鱼的体形正在逐渐缩小，因为渔民只捕大鱼；而战利品狩猎行为正把大角羊变成小角羊。

## 自然选择会导致越来越复杂

事实上，自然选择可能会导致生物越来越简单，而生物的复杂性最初可能是在自然选择不充分或不存在的时候才出现的。

用进废退。这句古老的格言不仅适用于日常生活，也适用于进化，而且这句话还可以解释为什么洞穴鱼没有眼睛、寄生绦虫没有肠道。

直至最近，这样的例子还被视为例外，但我们似乎严重低估了进化喜欢对事物加以简化的程度。有整群整群的生物看似很原始，实际上却是更为复杂的生物体的后代。例如，无脑海星和海胆的祖先是有大脑的；为什么它们的后代却没了大脑，这一点仍不得而知。

尽管如此，但是毫无疑问，在过去40亿年间，进化产生了越来越复杂的生命形式。这一点往往被认为是自然选择带来的结果，然而最近，对我们奇异而臃肿的基因组进行研究的某些生物学家彻底改变了这一观点。他们提出，当选择压力较小或并不存在时，复杂性才会出现，至少最初如此。怎么会这样呢？

假设某动物有一个具有两种不同功能的基因，由于突变，它的某个后代可能会获得这种基因的两个拷贝。在一个竞争激烈、选择压力大的大规模种群中，这样的突变很可能会被消除，因为它们不会提升个体的适应度，而且很可能还略有损害。

然而，在选择压力不大的较小种群中，由于随机遗传漂变，这些突变就具备了微小的存续和传播机会。如果发生这种情况，那复制的基因就会开始自行突变。一个拷贝中发生的突变可能会破坏其执行原基因两个功能的其中一个的能力，而另一个拷贝可能又会失去执行另一个功能的能力。同样，这些变化也没有带来任何好处——这样的动物在外观和行为上仍与之前完全相同——但这些突变或许就会通过遗传漂变进行传播。于是，这个种群就从拥有具备两种功能的一个基因变成了拥有各具备一种功能的两个基因。

基因组复杂性的提升并不是由于选择压力才发生的，而是在即便不存在选择压力的情况下仍然发生了。然而，这种提升却会为身体或行为上的复杂性提升奠定基础，因为每个基因现在都可以独立进化了。例如，这两个基因可以在不同的时间或不同的组织中分别开启或关闭。一旦出现任何有益的突变，自然选择就会发挥作用。

在进化的核心似乎存在着相对立的压力：虽然复杂的结构和行为（如眼

睛和语言）无疑是自然选择的产物，但正如在大型种群中那样，强大的自然选择也阻止了基因组随机变化的发生，这些变化最初可能会产生出更复杂的结果。

## 进化造就完美

*为求生存，你不必完美适应，而只需与竞争对手的适应度相当即可。*

进化造就完美是野生动物纪录片里不断重复的主题。片中一次又一次地告知我们，动物如何完美地适应了它们所处的环境。然而，这并非实情。

以红松鼠为例，从前它似乎完美地适应了周围的环境。直到灰松鼠在英国出现，红松鼠才被证明实际上更适应阔叶林。

进化没有产生出完美的"设计"有许多原因。自然选择只需要某样东西管用就行，而不是要它尽可能出色地发挥作用。拙劣的作品很常见，最典型的例子就是大熊猫的"拇指"，它其实就是经过改良的腕骨，大熊猫将其用作与其他手指相对的拇指来抓握竹子。要发挥这个作用，它本来远远算不上是理想的工具，但既然大熊猫真正的拇指已经和爪子融合到了一起，那么大熊猫就不得不接受一种不那么好使的替代品。

进化重塑现有结构的概率远远高于抛出全新结构。早期鱼类的裂鳍已经演变成了形形色色的结构，如翅膀、蹄子和手。这意味着我们之所以有五根手指，是因为两栖动物就有五指，而不是因为适合于人手的最佳手指数目是五根。

图 6.1　进化已经用早期鱼类的鳍造就了许多结构，包括翅膀、蹄子和手

许多群体尚未进化出能增强其适应性的特征。鲨鱼就缺少让硬骨鱼得以精确控制浮力的鱼鳔，而是必须依靠游动、多脂肪的肝脏，偶尔还得大口吸气。哺乳动物的双向肺效率远远不如鸟类，后者肺中的空气是朝着单一方向流动的。

持续的变异也意味着可能丧失潜在的有用功能。许多灵长类动物都不能制造维生素 C，这种能力在通过饮食摄入大量维生素 C 的动物身上算不上缺失；然而，一旦环境发生变化，这种能力缺失可能就会引发问题，正如在长途航海中的灵长类动物所遇到的那样。

进化缺乏远见这一点也导致了存在固有缺陷的设计。脊椎动物的眼睛就是个例子，视网膜上视神经穿过的位置会形成一个盲点。而一旦自然选择确定了一种虽然不佳但仍可行的设计，物种的后代往往就难以摆脱这种设计了。

环境也会发生变化。在捕食者和猎物、寄生者和宿主之间的军备竞赛中，物种必须不断进化才能维持现有的适应水平，更不用说还要提升适应度了。正如红皇后在《爱丽丝镜中世界奇遇记》( *Through the Looking-Glass and What Alice Found There* ) 中所说的那样 ："要想保持原地不动，你得使出浑身解数才行。"

人类跑得就不够快。进化和适应是一场数字游戏：种群规模越大、繁衍代数越多、出现的变异数量越大，自然选择青睐有益变异、清除有害变异的机会也就越多。在一个感染了艾滋病毒的人体内，每天便可以产生大约 100 亿个新的病毒颗粒，地球上的人口总数也不过几十亿而已。

一个细菌在 10 年内可以繁殖 10 万代，但自从人类与黑猩猩的谱系分道扬镳以来，至今可能才繁殖了不到 2.5 万代。因此，在不足人类一生的时间里，我们能见到如艾滋病毒等新型病毒的进化，这也就不足为奇了。

在过去的一万年间，我们的进化速度加快了，但我们改变环境的速度还要更快，导致了从肥胖、过敏到成瘾、近视等各种各样的问题。病毒和细菌或许正在臻于完美，而我们人类充其量只是一件非常粗陋的初稿而已。

## 进化科学不具备预测性

我们无法准确地描述 10 亿年后的生命会是怎样的面目，但进化论可以略加预测。

宇宙学家对 200 亿年后的宇宙将作何改变，做出了精确的预测；生物学家则在费力地设法预测培养皿里的少量细菌在 20 小时内会如何进化。有些人声称，缺乏这种精确预测的能力就意味着进化论并不科学。

然而，在科学上真正重要的不是以一个理论为基础能进行多少预测，或者预测程度有多精确；而是预测结果是否正确。混沌理论告诉我们，要想 100%准确地预测天气是不可能的，气象学家并没有因此就反对混沌理论——相反，他们接受了这一理论，因为天气遵循着混沌理论预测出的宽泛模式。

预测进化路径的难点部分是源于生物体可以自由地朝着截然不同的方向进化。假如我们能让时光倒转回 40 亿年前，让生命从头再进化一次，那么进化的历程很可能有所不同。我们这颗星球上的生命也是由偶然事件塑造而成的。如果不是小行星撞击地球导致了恐龙灭绝，智慧生命就算还会发生进化，可能也与今天大不相同。

不过，尽管进化论似乎在预测方面能力有限，但该理论仍然可以做出各种各样的预测，而且也正被人们用于各种预测。首先，达尔文曾预测，人们将会发现过渡形态的化石，而这样的化石已经出土了数百万之多——如果连微化石也算上的话，其数量更是高达数万亿。更重要的是，研究人员先预测出了某些过渡性化石应该出现在哪些种类的岩石中、来自哪个年代，继而到实地去发现了这些化石，比如半鱼类半两栖动物提塔利克鱼（Tiktaalik）。

或者以著名的桦尺蠖为例，它曾进化成了黑色，以适应在工业化时受到污染的树木颜色。进化理论预测，一旦污染消除后，浅色品种会再次占据主导地位——而目前的实际情况正是如此。

这种预测力还可以付诸实际更多的应用。例如，进化论预测，如果对农作物进行基因改造使其自身产生一种"杀虫剂"，就会导致进化出抗该"杀虫剂"的昆虫品种；但进化论也预测，可以通过在转基因作物旁边种植常规植物来减缓抗药性基因的传播。事实证明确实如此。许多开发传染病治疗方法的研究人员试图预测耐药性可能会以怎样的方式进化，并找出防止这种情况发生的方法，如联合使用某些药物。这样可以减缓耐药性的进化速度，因为病原体必须获得几种不同的突变才能在治疗中存活下来。

## 自然选择是进化的唯一手段

*许多变化是由于随机遗传漂变造成的，而非积极选择的结果。这可以称为"幸者生存"。*

照照镜子吧，你在镜中看到的脸与尼安德特人的脸大不相同。为什么呢？答案可能就是遗传漂变。诸如头骨形状这样的特性，可以在形态上发生变化，而几乎不会引起功能上的改变，对于这样的特性而言，在进化过程中，偶然性发挥的作用可能比自然选择更大。

DNA 始终承受着来自化学物质和辐射的攻击，在复制过程中会发生错误，结果导致每个人类胚胎都会包含 100 个或更多的新突变。自然选择会清除掉那些最有害的突变——比如令胚胎丧命的。大多数突变都不会造成什么影响，因为它们发生在垃圾 DNA 中，而垃圾 DNA 在我们的基因组里占据了绝大部分。

少数突变会引起一些较小的变化，既不会特别有害，也不会特别有益。

虽然大多数无害也无益的新突变会逐渐消亡，但也有少数会在后代中得以传播，这纯粹是出于偶然。这种情况发生的概率很小，但造成的突变的绝对数量使得遗传漂变成为一种重要的力量。群体规模越小，这种力量就越强大（见图 6.2）。

种群瓶颈也具有同样的效果。不妨想象一下，一座岛上，大多数老鼠都是纯色的，只有少数老鼠身上带有条纹。假设一场火山爆发消灭了所有的纯色老鼠，那么带条纹的老鼠就会重新占据这座岛屿。这就是幸者生存，而非适者生存。

几乎可以肯定，这些过程在人类的进化中发挥了重要作用。直到大约 1 万年前，人类的数量还很少，而遗传证据表明，我们在大约 200 万年前经历了一次重要瓶颈期。

人类和其他类人猿之间——以及不同人类种群之间——的遗传差异多数都是由于遗传漂变造成的，而非自然选择，不过，因为这些突变大部分都存在于我们基因组里占了十分之九的垃圾 DNA 中，所以它们不会造成任何差异。在那些确实对我们的身体或行为有影响的突变当中，可能也有少数是由于漂移而非选择而得以传播的。

## 半成形的翅膀并无用处

正如为某一种用途而设计的物体也可用于另一种用途那样，为某一种用途而进化的基因、结构和行为也可适应于另一种用途。

半成形的翅膀有什么用？一个多世纪以前，质疑进化论的人第一次提出了这个问题。对于昆虫来说，答案可能是用来划水和游泳。石蝇若虫有会扇动

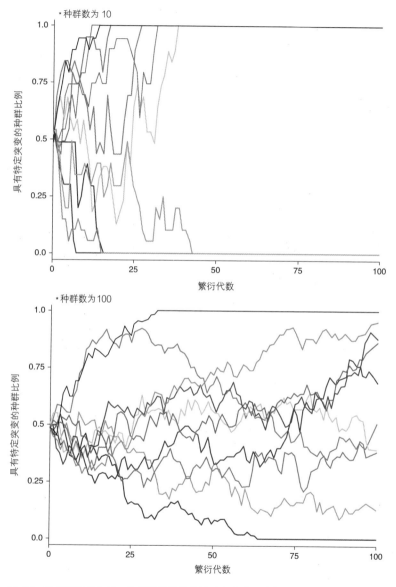

图 6.2 遗传漂变的力量：自然选择并非进化过程中唯一的力量。对适应度影响甚微或毫无影响的突变可能会仅仅由于偶然因素而在整个种群中传播或消亡。这两幅图显示了从同一个起点开始运行的十次模拟情况

的鳃，可以从水中提取氧气。当早期的昆虫漂在水面上时，它们可以同时用鳃来获取氧气和推动划水。

有些石蝇至今仍是漂在水面上，用翅膀"划动"着掠过水面。

随着时间的推移，扇动翅膀可能取代了划水，成为让昆虫得以掠过水面的主要推进手段：这样的低摩擦力水平意味着原型翅膀不需要产生多大的气流，就能有效地起到掠水作用。

随着这些原型翅膀变得更加高效和专门化，早期昆虫可能朝着飞行又前进了几步。在水面掠行的昆虫中，某些六条腿都保持在水面上，而速度较快的那一些则只有四条腿或两条腿在水面以上。关于昆虫飞行进化的水面掠行假说表明，扇动的鳃能够逐渐演化成翅膀，同时在过程当中的每一个阶段又都仍然有用。

那鸟类的翅膀呢？在某些恐龙身上，覆盖身体的鳞片进化成了毛发状的羽毛，其主要的功能或许是让温血动物的身体保温，或帮助卵保持温暖。那些四肢长有羽毛的恐龙或许已经开始利用羽毛具备的空气动力学特性了，比如在树木之间滑翔，或是在地面上跑得更快。化石显示羽毛由绒毛状逐渐过渡成了坚硬的飞行羽毛，而后者正是鸟类翅膀的关键部分。

另一个观点正日益赢得大家的青睐，亦即拍动前肢帮助鸟类的祖先攀上了陡坡或爬上了树——许多鸟类至今仍在使用这一方法。

在没有时间机器的前提下，很难确切地证实早期的鸟类或昆虫到底用"半成形的翅膀"做过些什么。但毫无疑问，半成形的翅膀可以有各种各样的用途。事实上，有无数的例证表明，出于某一个用途进化而成的身体结构和行为获得了另一种用途，这一过程被称为扩展适应。

进化发育生物学甚至已经开始识别这些变化背后的精确突变。例如，蝙蝠祖先的前肢之所以会演变成翅膀，部分原因在于一种名为 BMP2 的基因发生了变化，导致它的"手指"比正常情况下要长得多（参见第 7 章）。

超长趾之间的蹼构成了蝙蝠的翅膀，它是一种丧失已久的特征的再现：作为胚胎，所有的四足动物最初都长出了带蹼的趾，这是我们的鱼类祖先遗留下来的特性。正常情况下，这层蹼在胚胎早期就会自行消退，但在蝙蝠体内，这种细胞自毁行为却被阻止了。

某个结构的用途改变并不一定是在原有结构业已消亡的情况下。爬行动物的颚骨变成了哺乳动物的耳骨，而颚骨并没有就此消失。让我们能够做出精细的肢体动作的神经回路或许同样也已适应了产生语言这一用途。

事实上，复杂生物的几乎所有特征都可以看作是一支主题变奏曲。例如，关闭果蝇身上的一种基因可以使它们的触角变成腿。

有时，某种特性中的某一方面可以指派给另一种用途。我们的祖先最早进化出的坚硬石化结构是早期鱼类的牙齿，被称为"牙形石"。一旦进化出了形成硬羟基磷灰石的能力，这种能力就可以在身体的其他部位发挥作用，它或许正是所有脊椎动物形成骨骼的基础。

为了某一用途进化而成的结构和行为，可以通过各种各样的途径进化出新的结构和能力。仅仅因为我们暂时还弄不清像细菌鞭毛那种复杂的构造，并不能证明它没有发生进化。

## 但进化论难道不仅仅是一种理论吗？

这是神创论者提出的一个常见问题。

没错，进化论是一种理论，就像爱因斯坦的狭义相对论一样。科学家所谓的理论是指有证据作为支撑的解释。而神创论者的意思则是进化论仅仅是一种假说，并没有证据支撑——事实并非如此。当然了，还有许多细节以待填充。但是，如果你认为广义相对论和量子理论之间的冲突意味着引力理论存在严重问题的话，你会因此而从摩天大楼上跳下来吗？因为科学家们仍在针对进化论中一些更细微的方面进行争论，所以就质疑进化论的真实性，这样做就跟出于同样的原因而质疑引力的存在一样没有意义。正如被扔下的物体就会掉落一样，生命也曾进化过，而且还在继续进化着。

# 7

# 更深入的研究

　　事实证明，100 多年前由达尔文和华莱士所概述的自然选择进化论其基本原理是相当可靠的。然而，其潜在机制的大量细节直到最近才被世人所发现，这让我们得以用新的观点来审视进化过程。首先，它并不总是像达尔文设想的那样是以极为缓慢的速度进行。新技术揭示了进化革新的潜在机制，以及物种是如何形成的，甚至可以在实验室中对进化加以测试。

# 快车道上的进化

化石记录和遗传学研究都显示，进化的速度极为缓慢，但这其实与实际情况相去甚远。

以迈克尔·贝尔（Michael Bell）在 1990 年发现的刺鱼为例，当时他正驾车驶过阿拉斯加的洛贝格湖（Loberg Lake）。贝尔是一位研究刺鱼进化的生物学家，他事先并没有打算采集任何鱼类样本——为了给垂钓爱好者改善湖泊环境，当地的刺鱼在 1982 年就灭绝了。

令贝尔惊讶的是，他们发现海洋刺鱼重新迁徙到了这座湖里。这一现象本身算不上特别不同寻常：海洋刺鱼是可以在淡水中生活的，大多数淡水物种都是某些海洋物种的后代，在上一个冰河时代末期，当冰川消退时，这些海洋物种移居到了溪流和湖泊中。

但这些刺鱼有点奇怪。自从冰河时代以来的一万年后，淡水刺鱼与在海洋中遨游的祖先早已大相径庭了。最明显的变化是鱼身上的护甲已经脱落，这在淡水中似乎需要很长时间才能进化完成。在湖泊中，仅有少许护甲的鱼生长速度会超过有全套护甲的鱼，进而在两者的竞争中胜出。

人们认为这种性状是在成千上万年的时间里缓慢进化而来的，所以，贝尔惊讶地发现，他在洛贝格湖捕到的某些鱼护甲较少。1991 年，他请一个朋友再去多采集一些鱼。果然，更多的鱼丢掉了护甲。

贝尔在纽约州立大学石溪分校（Stony Brook University in New York）工作，他开始每年收集刺鱼。每一次，他都能发现护甲更少的鱼。到 2007 年，已经有 90% 的鱼都属于轻护甲形态了。这一性状的进化根本没有耗费数千年，而是只用了短短几十年（见图 7.1）。

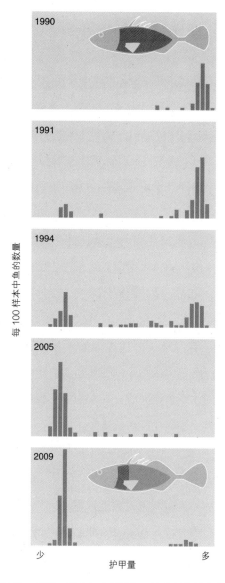

图 7.1　各就各位，预备，进化！众所周知，淡水刺鱼是由有大量护甲的
海洋生物进化而来的。来自阿拉斯加的洛贝格湖的样本表明，这个过程
在不到 20 年的时间内便可发生

与达尔文所描述的渐进式过程相比，这堪称是飞速进化了。然而，真正令人诧异的是，高速进化远非特例，而是大面积大规模出现。几乎没有多少生物学家专门着手寻找当下正在进行中的进化证据，不过，凡是做这种研究的生物学家都找到过这样的证据——从杂草、害虫、鱼类乃至人类。现在看来，只要环境以某种方式发生变化，生命就会进化，而且速度很快。

这些发现抛出了一个悖论。研究进化的两种主要方法——化石记录和生物体基因组比较——都表明，进化是一个渐进的过程，有些物种在数千万年的时间里几乎没有任何变化。如果进化果真有某些生物学家现在宣称的那么迅速，那为什么化石记录和基因研究却表明进化是个非常缓慢的过程呢？

## 快速进化

关于快速进化的报道可以追溯到很久以前，年代之早令人震惊。早先，英国昆虫学家阿尔伯特·法恩（Albert Farn）在 1878 年曾给达尔文写信指出，在由于污染而变黑的地区，深色的小环斑蛾比浅色的更常见。直至大约 20 年后，人们才首次发现，著名的桦尺蠖也出于同样的原因而正在变黑。

1897 年，有数个昆虫种群对杀虫剂产生了抗药性。截至 20 世纪 30 年代，又出现了更多的例证，例如介壳虫对氰化氢产生了抗药性。

在接下来的几十年间，生物学家们偶然发现了越来越多这样的例子，其中有少数成为著名例证，比如桦尺蠖，这些当初曾被世人视为罕见的情况。缅因大学奥罗诺分校（University of Maine in Orono）的迈克尔·金尼森（Michael Kinnison）说："人们这么说：'哇，太神奇了，这肯定是个例外。'"迈克尔是最早一批专门对目前正在进行中的进化加以审视的研究人员之一。

时至今日，这样的例子很可能已有成千上万，越来越多的生物学家认为，快速进化远远算不上异常特例，而是一种普遍现象。幸亏有了遗传学的进展，我们才开始理解怎么会有这样的可能。

贝尔的刺鱼记录仍然是记录得最为完好的例证之一。除了丢掉护甲之外，这种鱼还获得了淡水鱼的其他典型性状，比如缩小的鳃。它们的免疫系统也发生了进化，以应对不同的威胁。2017年早些时候的研究甚至表明，瑞士博登湖（Lake Constance）的刺鱼种群正在我们眼皮底下分化成两个物种。与生活在流入湖水的溪流中的另一种刺鱼相比，生活在主湖中的那种刺鱼脊椎更长，护甲也更坚硬。

我们从遗传学研究中得知，护甲脱落是由于一种名为EDA的基因发生了突变，这种基因在皮肤发育中起到了作用。这些突变在海洋刺鱼当中也有发现，不过非常罕见。这种突变保持在较低水平，因为该性状属于隐性，也就是说，鱼只有在遗传了这一基因的两个突变副本时，护甲才会脱落。

但是，一旦刺鱼迁入淡水水域，在这样的环境下，较少的护甲变成了优势，这种突变也就有了可取之处，而且在自然选择的作用下，很快就变得更加普遍。这可以说明在冰河时代之后，随着刺鱼在湖泊中定居，同样的性状是如何反复进化的。

这种早已有之的遗传多样性似乎是让种群得以快速进化的原因。针对阿拉斯加库克湾（Cook Inlet）刺鱼的研究为这一观点提供了佐证，这里的刺鱼最近才刚改为在淡水中生活。这些鱼的护甲几乎没有任何变化，贝尔的研究小组发现，它们的基因多样性比不上洛贝格湖刺鱼。

虽然快速进化通常会涉及已有的突变，但新的突变也可以发挥作用。例如，当一种不同寻常的突变产生了同一基因的数个拷贝时，尖音库蚊（Culex pipiens）就进化出了对有机磷杀虫剂的抗药性，这使它能够更多地产生一种可以分解有机磷杀虫剂的酶。这种新的变异已经传播到了全世界。

## 新的物种马上就可出现

在适当的环境下，甚至还可以在很短的时间内进化出新的物种。1866 年，美国农民报告说，一种不知名的蛆正在侵蚀他们的苹果，这种苹果作物则是两个世纪前引进的。昆虫学家本杰明·沃尔什（Benjamin Walsh）认为，这种"苹果蛆"是本地山楂蝇中的一个品种，它们改变了饮食习惯。沃尔什此前曾经提出，这种改变可能会导致新物种形成。

如今我们已经知道，沃尔什的观点是正确的。遗传学研究表明，山楂蝇似乎正在分化成两个物种。不但如此，其幼虫以这种蛆为食的寄生蜂也正在分化成两个物种。

越来越多的例子不断出现。在尼加拉瓜的一个湖中，一种鱼在短短 100 年内便分化成了两个物种。新的品种已经进化出了更窄更尖的头部和更厚的嘴唇，这样的特性对于在缝隙里咬食昆虫来说很理想；而原始品种则有着更坚固的下颚和额外的牙齿，容易咬开蜗牛壳。实验室研究表明，即使把这两个品种放在一起，它们也不会彼此交配，这就意味着它们即将成为独立物种。

还有一个例子来自著名的加拉帕戈斯群岛雀类。从 1973 年开始，彼得·格兰特（Peter Grant）和妻子罗斯玛丽·格兰特（Rosemary Grant）夫妇二人组成的研究团队就一直在研究达芙妮大岛（Daphne Major）上的雀类，这是为数不多的，研究正在进行中的进化的长期项目之一。他们在 2010 年报告称，有一种新的雀类可能正在进化形成。1981 年，来自另一个岛的一种中嘴地雀（Geospiza fortis）到达了达芙妮大岛，并与当地的鸟类杂交，生出了具有不同寻常的喙和鸣声的后代。经过了四代，在一场严重的干旱导致许多鸟类死亡之后，这一新的品种便不再与其他品种杂交。目前还不清楚为什么它们会停止杂交，但这种鸟如果继续避开当地鸟类，就会成为一个新的物种。

随着出现的例子越来越多，金尼森和他的同事们开始把这些例子放在一起，试图从中了解一些关于进化的信息。"我们开始意识到，也许这不是特例，而是常态。"事实上，他现在认为"快速进化"这个词具有误导性，因为其中暗含的意思是进化一般很缓慢。他和他的同事反倒更喜欢"当代进化"这种说法。当然了，要想证明当代进化是世界上数百万物种的常态确有挑战性。

如果快速进化果真是常态的话，那为什么化石和遗传学研究却又表明进化是个缓慢的过程呢？答案或许在于新的物种和性状不仅进化得快，而且消失得也快，不会在化石或基因记录上留下痕迹。

## 逆向进化

这方面最好的例子也是来自加拉帕戈斯群岛。1977 年，达芙妮大岛上的一场干旱摧毁了大量植物，许多以植物小种子为食的地雀纷纷死亡。喙形更大的鸟因为能够食用较大的种子，所以存活率更高。短短几代之内，当地鸟喙的大小就增加了大约 4%。1983 年气候湿润，再次产生了大量的小种子类植物，不久鸟喙的尺寸再次缩小——发生了逆向进化。

物种形成也有可能逆向发生。在附近的圣克鲁斯岛（Santa Cruz）上，两个初始物种正在重新合并成一个。20 世纪 60 年代的研究表明，这座岛上的雀类已经分化成了大喙和小喙两个品种，各自专门食用大小不同的种子。现在，大多数的鸟长的都是中等大小的喙，这很可能是人们给鸟类喂食大米的缘故，使得大喙或小喙都不占优势了。

人们正在陆续发现众多其他例证。东非的维多利亚湖是 500 多种慈鲷的家园，其中有许多都是在过去的 15 000 年间分化而来。而现在，许多物种正重新融合到一起。原因在于雌性慈鲷通过鲜艳的颜色来识别同一物种的雄性。由于人类活动的影响，湖水变得更为浑浊，导致越来越多的雌性错误地与非同种的雄性交配，于是便产生了杂交后代，最终取代了两个原始物种。

这种进化上的来来回回多半也是常态。由于变动不定的选择压力，种群很可能会先朝着一个方向迅速进化，然后又朝着相反方向迅速进化，最终回到开始的原点。

进化上的起起落落也可能是由物种之间的相互作用来驱动的，而不仅仅是像天气这样的外部因素。大约 10 年前，纽约康奈尔大学尼尔森·海尔斯顿（Nelson Hairston）的研究团队开始用单细胞藻类和以其为食的一种名为"轮虫"的微小生物来进行实验。他们原本以为会看到一个经典的捕食者—猎物循环——随着轮虫数量增加，水藻数量减少，随后由于食物耗尽，轮虫数量锐减，导致水藻数量反弹，以此类推。

而实际上，他们看到的却是意想不到的模式。有时，即使藻类数量保持不变，轮虫的数量也会增加。

海尔斯顿意识到，原因在于这些藻类正在迅速进化，在投入资源进行防御和投入资源进行繁殖之间交替切换，从而为轮虫产生了更多的食物。有时，轮虫的数量会以适当的速度增长，恰好可以抑制快速繁殖的藻类。当研究小组用基因相同的藻类细胞重复实验，使得进化速度大为减缓时，他们便看到了经典循环的出现。

海尔斯顿后来发现，理论生物学家已经预测过，快速进化可以产生出他所看到的那些类型的模式。目前尚不清楚的是这在自然界中的普遍程度。

这种循环或许正在夏威夷的考艾岛（Kauai）上演，那里的蟋蟀最近销声匿迹了。20 世纪 90 年代，一种寄生蝇来到了这里，它会追踪正在呼唤配偶的雄性蟋蟀，并将卵产在它们身上。然后幼虫会把蟋蟀活活吃掉。这个蟋蟀种群的数量就此一落千丈。

到了 2003 年，这个岛上仍是一片寂静。此后，明尼苏达大学（University of Minnesota）的玛琳·祖克（Marlene Zuk）惊讶地发现，那里其实有很多蟋蟀。原来，几乎整个种群都发生了一种突变，雄性蟋蟀的翅膀发生了改变，使其在摩擦时不会发出任何声音。这个种群之所以能存活下来，是因为有少数雄性还能发出鸣叫声，不会发声的雄性蟋蟀就聚集在这些会发声的周围，将潜在的配偶截走。

对祖克来说，有趣的问题是接下来会怎么样。目前，这群蟋蟀正走向进化的死胡同。祖克说："我认为一个完全发不出声音的种群是无法存续的。"相反，她认为，我们会看到由快速进化驱动的一个捕食者—猎物循环，与海尔斯顿所观察到的情况相似。随着不发出鸣叫声的雄性蟋蟀数量增加，寄生蝇的数量可能会下降，导致发出鸣叫声的雄性蟋蟀数量反弹，接着又是寄生蝇的复苏，以此类推。

## 改变方向

物种必须不断进化，才能跟得上进化军备竞赛的步伐，这一观点没什么新颖之处——我们称之为"红棋王后假说"。不过，以下倒是一个新颖的观点：这种进化不仅在速度上比我们从前以为的要快得多，而且场上的赛跑者还会不断改变方向。

将上述内容综合起来后，显现出来的进化图景与大多数人设想的过程截然不同。正如金尼森所说，流行的进化论观点是颠倒的。人们认为进化上的改变在短期内极为细微，但经过数百万年的时光却会累积成巨大的变化。事实却恰恰相反。现在看来，生物的进化速度很快，以便应对环境出现的任何变化，但从长远来看，大多数进化上的变化都相互抵消了。所以观察的时间段越长，进化的速度就显得越慢。

# 新物种是如何形成的

不久以前，我们自以为知道了物种是如何形成的。我们相信，这一进程几乎总是在种群彻底隔离的情况下开始的。往往发生在一个种群经历了严重的"遗传瓶颈"后，一个怀孕的雌性生物被带到一座偏僻的岛屿，它的后代开始互相交配……此后新物种形成的进程走上正轨。

这种所谓的"创始者效应"模型的美妙之处在于它可以在实验室中进行测试。而在现实中，这种模型根本站不住脚。尽管进化生物学家已经尽了最大的努力，但还是没有一个人能够接近于从创始者种群中造出一个新物种。更重要的是，据我们所知，还没有哪个新物种是由于人类将少量生物体释放到陌生环境中而形成的。

最近大家关注的焦点已经改变。生物学家仍然认为，大多数的物种形成都属于"异域物种形成"——地理隔离的结果——但人们的想法已经远离了偶然性和小种群。生物学家反倒正在研究物种发生快速变化时各种稀奇古怪的方式。发挥作用的主要力量是生态选择（新物种的形成是适应变化的环境条件导致的结果）和性选择（性特征的变化以及对这些特征的偏好导致了种群的分化）。重大问题围绕的是这两股力量的相对重要性。

"平行物种形成"是展示生态选择的力量最具戏剧性的例证之一，在这种情况下，为了应对相似的环境，基本相同的物种会在不同的地方独立出现。最好的例子便是加拿大湖泊里的刺鱼。几座湖里有两个不同的刺鱼物种，一种是底栖摄食，另一种则以浮游生物为食。线粒体 DNA（mtDNA）分析表明，与生活在不同湖泊中的刺鱼相比，生活在同一湖泊的刺鱼彼此联系较为紧密。换言之，它们很可能是通过平行物种形成方式而产生的。

这些发现也表明其属于"同域物种形成"——在没有地理隔离的前提下形成的物种。某些生物学家认为，一开始如果没有加以物理隔离，物种基本上绝不会一分为二，他们对同域物种形成的观点展开了激烈的反驳。但支持同域物种形成观点的生物学家抓住了有关刺鱼的发现，还有几个其他物种的线粒体 DNA 研究成果，这些成果似乎都可证明该观点。

同域物种形成仍存在争议，但其他研究表明了这一进程可能的发生方式。证据来自一个鱼类群体——非洲几大湖的慈鲷，它们经历了我们所知的最壮观的物种形成大爆发。其中，马拉维湖、维多利亚湖和坦噶尼喀湖约有 1700 个慈鲷物种，其中有许多都是自最后一次冰河时代（仅 1.25 万年前）以后进化而来的。关于慈鲷的一大谜题是维多利亚湖中那 500 多个物种的进化该作何解释，这些物种都生活在一起，没有防止杂交的物理屏障加以隔离。性选择似乎是问题的关键所在，雄性慈鲷的颜色各不相同，而挑剔的雌性则表现出了明显的颜色偏好。通过这种方式，在其他任何一方面看起来都非常相似的鱼类种群或许在繁殖方面已经被隔离了，是性选择最终导致了新物种的出现。

这种特定形式的性选择，依赖的是雌性能够区分雄性的颜色。但是，随着非洲几大湖的水域被污染所笼罩，慈鲷正在丧失这种能力。在浑浊的湖水中，杂交正变得越来越普遍，而且由于各个慈鲷物种在进化上很接近，所以往往会生出有生育能力的杂交后代。令人惊讶的是，现在有一些生物学家认为，其实杂交可能是一个创造性的过程，其间有新的物种大量涌现，而且这个过程在维多利亚湖很可能以前就自然而然地发生过许多次。杂交可能是我们称之为"适应辐射"的进化大爆发的一个重要因素。

从理论上讲，我们可以通过寻找"物种形成基因"（负责防止杂交的基因）来测试物种是不是平行进化、性选择或杂交的产物。然而，这一研究方向并没有发现大量的物种形成主效基因。相反，选择似乎经常作用于由多个微效基因引起的遗传变异。生物种群中似乎往往包含了引人注目的适应性变化所需的变异。也就是说，进化不需要等待突变的出现，而是一旦生态环境允许就可以迅速开始。这确实与 20 世纪进化生物学家的预测有所不同。

物种形成仍然是一个活跃的研究领域，基因组测序成本的下降意味着如今在物种形成方面，我们正在进入一个激动人心的种群基因组研究时代。

## 可进化性——进化创新的能力

地球上的生命具备的显著多样性证明了进化的创造力。在 5 亿年的时间里，自然选择造就了飞行用的翅膀、游泳用的鳍、行走用的腿，这些还仅仅是在脊椎动物当中而已。进化的创新能力——或者专业术语所谓的"可进化性"——是生命结构中固有的。

对于进化理论来说，几乎没有多少问题是比这更为根本的了，然而，直到 1987 年，擅长生造词语的高手理查德·道金斯造出这个新词以后，"可进化性"一词才进入生物学术语中。经过几十年的发展，它已经成为一个热门话题，不过直至最近，来自现实世界的证据才开始充实起这一理论的骨架。

现在，有大量研究揭示了可能会限制及增强生物体进化能力的因素，也正在对人类进化过程中的关键事件做出解释，比如人类转而用两条腿走路，还有出现了高度灵巧、会使用工具的双手。

最初遇到的障碍之一是对"可进化性"的含义加以确切定义。其目的是要体现物种或种群对自然选择做出反应的能力。既然遗传变异是自然选择作用于其上的原材料，那么这种变异在种群中出现的范围便为可进化性提供了粗略的衡量标准。

然而，大多数研究人员在谈及可进化性时，指的都是一些更加微妙的东西——不仅是出现了多少基因变异，还有这种变异是否会转化为生物体外表和行为上的适应性变化，这些变化可能是由自然选择形成的。耶鲁大学的京特尔·瓦格纳（Gunter Wagner）是该领域的先驱，他将可进化性定义为"产生可遗传表型变异的能力"，也就是在生物体形方面可以代代相传的变异。

## 稳健性

当然了，真正的问题在于是什么决定了这种能力。有两个关键因素，其中最为重要的或许是生物的"突变稳健性"——尽管存在基因突变，却仍能正常发育的能力。由于基因很少独立发挥作用，某个特定的突变可能会对生物体产生有利、有害或既无利也无害的影响，这取决于整体的遗传背景。因此，这种机制，通过抑制某个特定基因突变造成的影响，便可提升稳健性。

理论上，这可以增加生物的存活率，因为这样减少了生物的体形方案发生潜在有害变化的概率。但这种缓冲效应也会成为变化的敌人，掩盖潜在的有益变化，并抑制生物体的可进化性。

或者看似会如此。事实上，通过对原本有害的突变造成的影响加以中和，稳健性保留了原本可能会被淘汰的基因变异。这就意味着生物体在种群中积累了大量的隐性突变。进一步的基因改变或环境变化可能会去除缓冲机制，并让这些储备突变的影响得以显现，为生物体的构造提供现成的变异。这种稳健性背后的机制会是怎样的呢？

根据麻省理工学院的苏珊·林德奎斯特（Susan Lindquist）团队的研究成果，似乎主要是"热休克蛋白"在发挥作用。热休克蛋白确保了其他蛋白质始终以同样的稳定的三维形状进行折叠，这对于它们在细胞内所起的作用至关重要。在类似高温或高盐度等恶劣条件下，蛋白质会以错误的方式折叠，从而阻碍它们发挥其功能。热休克蛋白便在此介入，作为伴侣引导着蛋白质折叠成正确的形状，并使其即便在难以应付的情况下仍能正常起作用。

至关重要的一点是，即使面对着将蛋白质的氨基酸序列打乱的基因突变，热休克蛋白仍能确保蛋白质折叠成同一种稳定的形状。这就使得隐性变异可以随着时间的推移而逐步增加，而不至于妨碍蛋白质的日常活动。

蛋白质的结构和功能支配着生物体发育中的各种过程。所以，当林德奎斯特的团队破坏了阿拉伯芥和果蝇的热休克蛋白以后，生物的生理变化中储备的突变忽然显露出来，包括芥叶的新形状以及果蝇眼球形状的变化。为热休克蛋白进行编码的基因在自然种群中会一直稳定地发挥作用，但偶尔的环境变化——例如饮食习惯的剧变——却可以压垮热休克蛋白系统，并产生此类效果——在最需要的时刻，提供突变以精准应对新的进化压力。

热休克蛋白并非稳健性的要义所在。即便没有热休克蛋白的帮助，某些蛋白质固有的稳健性也本来就高于其他蛋白质。这同样也可以影响生物的进化。例如，在 2006 年，西雅图的弗雷德·哈钦森癌症研究中心（Fred Hutchinson Cancer Research Center）的杰西·布鲁姆（Jesse Bloom）和同事们证明，稳健性较高的蛋白质可以从新的突变中获得有用的附加功能，而不至于丧失自身的基本结构，并陷入无用的混乱状态。2014年，布鲁姆证明，流感病毒对突变的耐受能力使其能够适应免疫系统的攻击带来的压力。

由当时任职于耶鲁大学的罗伯特·麦克布赖德（Robert McBride）领导的其他研究项目表明，病毒繁殖会产生出稳健性较高的蛋白质，比稳健性较低的种类更能迅速适应新的进化压力，比如更高的温度。换句话说，它们具有较高的可进化性。

## 整合

然而，稳健性只能说明可进化性的一半问题。第二个关键因素是一种被称为"整合"的现象，即不同的身体部位或性状似乎会共同改变和共同进化。性状间的整合往往源于共同的进化史。例如，沿着身体轴线重复排列的各个部位——比如肢体、牙齿、肋骨和脊椎等——是在进化史上通过某些特定基因的直接复制而产生的。这两个拷贝不会完全相互独立，因为它们的表达最终将由基因组中不同位置上的相同调控基因来加以控制，也就是说，这两个身体部位仍将趋向于共同改变和共同进化。

如果同一功能涉及不同的身体部位，它们也有可能发生整合。例如，在抓握和操控中，四根手指和拇指是一同协作的。为了保持手的功能最优化，一个部位发生变化——比如一根手指较长——需要与其他各指的相应变化相辅相成。因此，自然选择有利于这样的发育系统：在此系统中，影响手指长度的基因变化会导致所有手指统统发生与之协调的变化。

与稳健性一样，整合也可能是一把双刃剑。一方面，它增加了在身体结构中产生协调的适应性变化的能力，这无疑有助于提高个体存活的概率；另一方面，它又限制了动物可遵循的进化途径——换句话说，也就是限制了其可进化性——因为对某种性状而言潜在有益的改变可能会对与之相关的其他性状产生灾难性的影响。

幸运的是，对于地球上的生命来说，整合并不是要么全有、要么全无的孤注一掷。很明显，性状可以在不同程度上来进行整合（参见"可进化的狗"）。有时，现有的整合可以彻底解耦，使每一个性状成为一个独立的"模块"，具有更高的可进化性。

想一想哺乳动物翅膀的进化吧。老鼠和其他啮齿类动物的前肢和后肢的整合是相当紧密的，因此，一对肢体的变化（如长度增加）与另一对肢体的变化几乎有着完美的相关性。

图 7.2　与啮齿类动物不同，蝙蝠的前肢和后肢已进化到具备了不同的功能

然而，蝙蝠用经过了改良的前肢来飞行，用后肢来抓握——这是两种截然不同的任务，这种迹象表明，它们的前后肢整合得相当松散。

## 臂、腿和翅膀

确实，加拿大卡尔加里大学（University of Calgary）的贝内迪克特·哈格里姆森（Benedikt Hallgrimsson）和加利福尼亚大学旧金山分校的内森·扬（Nathan Young）发现，蝙蝠前后肢骨骼长度的共变关系远比其他哺乳动物要小得多。这说明蝙蝠的祖先必定是在进化过程中丧失了前肢和后肢之间的基因整合，从而开启了翅膀进化之门。

灵长类动物进化的不同阶段也可以进行类似的解释。举例言之，卡尔加里大学的坎贝尔·罗利安（Campbell Rolian）将手和脚所起的作用相似的四足灵长类物种（如猕猴）与手和脚各自独立发挥作用的类人猿（人类、黑猩猩、大猩猩和猩猩）进行了比较。

不出所料，罗利安发现，四足灵长类的手和脚比类人猿的整合度更高。另一项针对前后肢整体（而不仅是单独的手和脚）的分析也得出了类似的结论，与四足灵长类相比，类人猿四肢的共变关系大约要小 40%。

由此而来的结论就是臂和腿能以更高的独立性对自然选择做出反应，从而提高其可进化性。最终，这使得早期人类进化出了更长的腿，以适应走路和跑步，而手臂的长度则保持不变。根据同样的逻辑，前臂缩短——这有助于使用工具——并没有强制下肢也发生相应的变化，因为缩短可能会降低其行走能力。

重要的是，整合存在着不同的程度。尽管经历了长年累月的锻炼，臂和腿之间的整合已经明显弱化，但某些发育上的关联仍然保留了下来，这些关联很有力，足以用有趣的方式来改变进化的进程。例如，罗利安和哈格里姆森与哈佛大学的丹尼尔·利伯曼（Daniel Lieberman）合作，发现脚受到的进化压力或许让人类高度灵巧的手为使用工具和完成手工任务做好了准备。研究小组的发现来自对组成每根脚趾和对应手指的骨骼长度进行的详细比较。他们发现，手指和脚趾之间仍保留着充分的整合，使二者在一定程度上发生共同进化。

因此，塑造脚形的进化压力可能也改变了手的形状，或者反之亦然——但二者到底是谁影响了谁呢？他们的研究小组利用计算机模拟进行估测，针对可能的进化压力和灵长类动物相应的解剖学变化，研究小组认为，自然选择主要作用于脚趾，增大了大脚趾，缩小了外侧脚趾，以便让脚在行走时保持稳定。

当然了，结果随着大脚趾的进化，大拇指也随之增大。这完全是偶然发生的，意味着在进化史上，拇指和其余手指的指尖第一次得以触碰，让我们的祖先在抓握时变得更为灵巧和精准，这一点成为成功使用工具的关键。

## 古往今来的可进化性

关键的发现在于，动物是由模块和整合性状的"嵌套层级结构"组成的。因此，尽管与四足猴子相比，人类（以及笼统而言的类人猿）手臂和手部的骨骼显示出的整合性较低，但人类手和脚之间的整合仍然足够有力，足以产生出意义深远的进化成果。正是这些特定的整合和模块化模式——而非其中任一因素的单独作用——最终决定了可进化性。

的确，如果更深入地研究史前时期，我们可以轻易发现，在动物进化的过程中，这些因素可能曾起到至关重要的作用。大约5.4亿年前，寒武纪大爆发导致了今天所知的大约35种动物门的基本体形方案的出现。它们的共同祖先未曾达到高度的整合度或稳健性，这使其在发育上具有灵活性，并为进化创新做好了准备。进化利用了这种灵活性，但很快就又被推动着去实现更高的发育整合度，在这个过程中或多或少地修正了这35种体形方案。

这并不是说自此以后可进化性就一落千丈。尽管产生动物基本体形方案的发育过程整合得过于紧密，无法发生根本性的变化，但却有种进一步的推动力促使动物的各个身体部位之间达到更高的模块化程度，提高了其各自的可进化性。正是这种对动物各个身体部位的零敲碎打——而非对动物身体的彻底改造——推动了惊人的生物学创新，尤以节肢动物和脊椎动物为最。

现在的一个关键目标是要确切地找出是什么触发了整合性状的分离，促使其日益变得模块化。在某些情况下，身体部位发生分离可能是一种幸运的偶然，然后这种偶然又被进化所利用。若要更好地把握分离的过程，则要求对所涉及的遗传机制有更深刻的理解。目前，通过对决定老鼠各性状之间的整合情况的基因进行图谱绘制，人们已经朝着这个方向迈出了几步。但基因检测研究正在揭开一幅复杂的图景。例如，哈格里姆森说，涉及决定人类脸型的有大量的基因变异体。"来自基因组数据的许多变异都无法解释。有相当多的复杂性状最后都成了这样。"关键在于基因调控方式的改变，而非基因本身的改变。有趣的是，其他研究发现，可进化性本身也是可进化的。

这些尚属于可进化性的实证研究的早期阶段，进一步的进展将取决于研究人员能否汇集生物学各个不同方面的数据。关于整合、模块化以及可进化性的发育基础的一整套理论需要将遗传学和发育生物学与形态学研究结合起来，在实验和自然环境中都是如此。

### 可进化的狗

"人类最好的朋友"有着千百种样貌，变化范围之大令人震惊——既有哈巴狗那样短而扁的脸，也有柯利牧羊犬那样纤细的口鼻。当时供职于英国曼彻斯特大学（University of Manchester）的艾比·德雷克（Abby Drake）和她的同事克里斯蒂安·克林根贝格（Christian Klingenberg）的研究表明，狗面部的多样性与所有食肉性物种之间的多样性程度不相上下。

但是，狗的这种显著变异是在短短几千年的选择性繁育中完成的，幸亏其面部和大脑之间的整合度有限，才具备了这样的可能性——其他哺乳动物身上一般不具备这种有限的整合度。有趣的是，在狼、土狼和豺身上也发现了这种模块性，这表明狗的脸总是具备这样的高度可进化性——只需要适当的进化压力来塑造它们口鼻的形状。

图 7.3　狗的脸具备突出的可进化性

## 在实验室里测试进化

在实验室里进行的进化实验如今正逐渐常规化，但历时最长、始于 1988 年的一次实验让我们能以前所未有的详尽程度来见证进化。它向我们表明，一个生物的重大变化能够让其所处的环境发生怎样的变化，并改变居住在那个空间里的所有生物的进化轨迹。

这个长期实验进化项目（Long-term Experimental Evolution Project）是由密歇根州立大学（Michigan State University）的理查德·伦斯基（Richard

Lenski）创建的，他提取了大肠杆菌的单一菌株，培养了12组样本。

从那时起，每天将每组培养菌的一份样本转移到以葡萄糖为主要营养成分的新鲜生长培养基中。自实验开始以来，这些细菌已经繁殖了66 000多代。每隔75天，样本就会被冷冻一次，从而制作出人造的"化石记录"，以便研究小组加以追溯，并精准辨别出隐藏在他们所看到的变化背后的基因突变。

最大的一次进化转变发生在大约31 500代之后，这12个种群当中的一个进化出了以柠檬酸盐为食的能力，柠檬酸盐是生长培养基中的另一种化学物质。大肠杆菌一般不会以柠檬酸盐为食，因为它们无法将其摄入细胞。但是，一种突变却使某些大肠杆菌得以产生一种"反向转运"蛋白质CitT，这种蛋白质可以让柠檬酸盐穿过细胞膜，进入细胞内，进而能以柠檬酸盐为食。掌管这种蛋白质的基因业已存在，但当有氧气存在时，它通常是关闭的。

反向转运体就像是一种旋转门，它允许一个分子与另一个分子进行交换。在这种情况下，柠檬酸盐被摄入细胞，与三种体积较小、价值较低的分子当中的一种交换，即琥珀酸盐、延胡索酸盐或苹果酸盐。一旦进化出这种以柠檬酸盐为食的能力，种群数量随即激增，因为相同的生长培养基现在可以维持更多的细胞生存。

这些以柠檬酸盐为食的大肠杆菌很快就占据了主导地位，击败了除一种大肠杆菌外的其他所有菌株，而那另外一种大肠杆菌又进化到了可以利用发生了变化的环境——现在它们所处的环境中还包含了三种排出分子。它通过制造更多的名为DctA的转运蛋白来实现这一点，DctA以消耗少许能量作为代价，摄入以柠檬酸盐为食的菌株排出的琥珀酸盐和其他分子。

但事情并没有到此结束。接着，以柠檬酸盐为食的大肠杆菌也开始制造更多的DctA，试图夺回在获取柠檬酸盐的过程中失去的部分琥珀酸盐和其他分子。

这项研究提供了一个完美的例证，说明进化和生态系统之间有着密不可分的联系，展示了进化的新产物如何改变环境条件，从而促进了多样性的形成，改变了生态系统的结构和共存生物的进化轨迹。

研究人员将其比作大约 24 亿年前光合细菌的进化：正如最早出现的那些排出氧气的光合细菌改变了地球、也改变了进化的过程那样，以柠檬酸盐为食的大肠杆菌的出现改变了生长培养基，也改变了所有生活在其中的细菌的进化路径。

这些发现成了又一个例证，说明进化并无头脑。本来最好的解决办法应当是消耗少许能量，直接摄入柠檬酸盐，而不是将其与琥珀酸盐交换，然后再耗费能量在其他细菌以之为食前设法把琥珀酸盐夺回来。

这个实验还表明，在进化过程中并不存在所谓的完美。即使是在实验室的烧瓶这种简单而稳定的环境中，细菌也永远不会停止以微小的调整来提高自身的适应性。

## 没有上限

伦斯基以为，经过 10 000 代之后，这种细菌的适应性或许就会接近上限，超过这个极限之后，就不可能再有任何改进了；但 50 000 代的数据表明，事实并非如此。在平等的竞争下，新生代总是比老一代成长得更快。换言之，适应性始终在不断提升。

这样的结果符合一种被称为"幂法则"的数学模式，在幂法则中，某些东西可以永远保持增长，但增长的速率在稳定地递减。伦斯基说："即便我们将其外推到 25 亿代，也无法想当然地认为其存在着上限。"

伦斯基的研究结果表明，即使在最简单、最稳定的环境中，进化也永远不会达到一个止步不前的完美顶点。

这令进化生物学中最受欢迎的比喻之一为之动摇，这种比喻认为，物种在具备多种可能性的环境中朝着适应度最高的巅峰状态进化。在现实世界中，物种生活在不断变化的环境里。结果表明，适应环境的方式比我们所想象的还要多。

### 保持稳定还是华而不实：在进化的生死赛中谁能获胜

一个培养皿，两种细菌菌株互不相让地争夺其领土。如果进化至500～1500代，哪一种会占上风呢？

通过在大肠杆菌相互竞争的克隆体之间上演的生存之战，研究人员已经发现，早期的领先者往往不是最终的胜利者。之前的领先应该归功于特定的基因突变。相反，最终获胜的是"埋头苦干者"，这主要是因为它们与早期的领先者不同，始终能够获得适度却有价值的突变，这样的突变最终对生存和主导地位而言至关重要。

这些没那么剧烈的突变最终赋予了它们优势，因为其发挥了作为基础的基因组的整体优势。那些"华而不实"的突变虽然在早期带来了引人注目的成功，但与整个基因组紧密配合的程度却比不上那些出现速度较慢的突变。

这场生存之战是由理查德·伦斯基和得克萨斯大学奥斯汀分校（University of Texas at Austin）的杰弗里·巴里克（Jeffrey Barrick）领导的一个团队筹划的。他们选择了四对不同的克隆体，并让每对克隆体互相竞争。领先的菌株在早期开始占据了培养皿，产生了提高 topA 基因效率的有益突变——topA 是一种转录许多其他基因的基因。它们还发生了核糖体结合位点的突变，这是一种可以提高 DNA 和 RNA 数量的基因。

但到了最终，就像龟兔赛跑的寓言故事说的那样，后期这些突变成了它们没落的原因，因为它们最终陷入了进化的"睡眠期"：它们节奏缓慢的对手仍在继续进化，虽然远不像领先者那么引人注目，但最终关键的突变赋予了它们不可逆的优势。

这项研究有助于回答这样的问题：选择主要是通过单个基因显著的突变而发生的，还是通过基因组整体的稳定进化而发生的？在细菌中，整个基因组的进化优势胜过了单个基因的作用，这一发现对人类遗传学研究具有重要的意义。这可能有助于解释，为什么基因研究人员试图识别与强遗传性状相关的单个基因的尝试往往是徒劳无功的。

# 8

# 进化之问

　　尽管基本概念已经牢固地确立起来了，但我们对进化的理解仍存在许多问题，而且常常伴随争议。进化没有方向这个观点应该加以修正吗？表观遗传学在进化中起到了怎样的作用？生物体能先适应、后变异吗？进化是否可以预测？

# 是时候重提进步了吗?

进步的概念已经从进化论中被清除掉了,但现在是否到了让它回归的时候呢?

著名古生物学家斯蒂芬·杰伊·古尔德(Stephen Jay Gould)曾经好奇过,如果我们能让生命这卷"磁带"倒带的话,会发生怎样的情况?如果有可能让时钟倒转 5 亿年,然后让进化从头发生一遍,我们会看到什么?古尔德提出的著名论断是:生命的历史不会重演。这将是一个陌生的世界,人类很可能不在其中。

他的观点是要论证,进化不是一个无法阻挡的进步过程,而是一个偶然性的过程。突变的发生是不可预知的。有性繁殖结合的基因是随机的。干旱、冰期和陨石的袭击来得毫无预警,可以令之前彻底适应了环境的个体和物种消亡。

我们告诉自己,进化是个进步的过程,但这只是一厢情愿的想法。生命产生了丰富的变异,其中大部分都归于失败。幸存下来的少数被我们称为最进步的,但把"最新"和"最好"混为一谈是个极其严重的错误。正如古尔德在其经典著作《奇妙的生命》(Wonderful Life,1989 年)中所写的那样:"生命是一丛枝繁叶茂的灌木,不断地被灭绝的死神修剪,而非可以预测的进步阶梯。"

古尔德也基本上无暇顾及人类的狂妄自大。我们人类远远算不上什么进化的顶峰,充其量是另一种偶然的产物。"也许,"他冷淡地写道,"我们只是未曾经过周密考虑的一记马后炮,是宇宙间发生的一次意外,仅仅是进化这棵圣诞树上悬挂的一件小玩意儿。"

古尔德的观点属于进化论的正统说法，但与生命随着时间的推移确实发生了进步这种直观感觉却很难保持一致。所有的生命曾经都是单细胞体，而现在单个生物体却能容纳数万亿个细胞。细胞类型的数量也增加了，从单细胞生物的一种类型增加到了哺乳动物的 120 种类型。大脑变大了。而且在过去的 5 万年间，人类凭借我们自身波折却有力地提升加速了这一趋势。

多年来，有一群人数不多却干劲十足的研究人员一直在试图重新树立进化性进步的概念，并从理论上对其加以解释。他们希望证明古尔德关于进化论的观点太过悲观，某些生物学上的进步并不仅仅是偶然现象或虚幻错觉，而是由物理规律所决定的。如果这些研究人员获得成功的话，就会导致对现有理论的重大修正。

古尔德和那些追随他脚步的人都承认，生命体的大小、复杂性和多样性都有所增加。然而他们认为，这并不是因为进化本身具备固有的进步性。

相反，这是一种错觉。就其定义而言，第一个生命体非常简单。随着变异的增加，某些生物体不可避免地变得更加复杂。人类对复杂的生物给予了最多关注，这导致我们产生了一种生命在不断向上发展的信念。肖恩·B.卡罗尔（Sean B. Carroll）是威斯康星大学麦迪逊分校（University of Wisconsin-Madison）的一位分子生物学教授，正如他所说过的：如果我们除了向上发展之外别无选择，那物种必然向上发展。

以发展为导向的理论家接受了复杂性的被动提升。但他们认为，也有一些"受到推动"的过程使进化倾向于复杂性提升。约翰·斯马特（John Smart）是比利时布鲁塞尔自由大学（Free University of Brussels）的进化、复杂性和认知研究小组成员，也是该领域的一名主要思想家，他认为，进化和发展是可以保持一致的。也就是说，可以用客观的术语来定义进步，并解释非进步不可的原因。斯马特和其他理论家提出的这个观点基于至少四项论证。

第一项涉及一种看待进步的新方式——对"进步"这个概念做出定义的难度之大是众所周知的,这主要是因为怎样才算进步取决于由谁来加以定义。例如,复杂性的提升对我们来说似乎有其价值,但有许多生物——尤其是寄生体——却是由于降低了复杂性而获得成功的。

## 能量流动

在基础物理学中建立一个新定义可以作为解决这个难题的一种方法。

埃里克·蔡森(Eric Chaisson)是马萨诸塞州剑桥市哈佛-史密森天体物理中心(Harvard-Smithson Center for Astrophysics)的一位天体物理学家,他提出了能量率密度这个概念,即每秒流经系统中每克的能量。一颗恒星的输出固然蔚为壮观,但其能量率密度(2 尔格每克每秒)却比盆栽植物(3000~6000尔格每克每秒)要低得多。在你想起恒星只不过是气体球之前,这听起来与直觉相悖。

人类的表现还要更好一些,基本能量率密度达到了 20 000 尔格每克每秒。社会也可以用这种方法来加以衡量。蔡森估计,狩猎采集社会的平均能量率密度为 40 000 尔格每克每秒,而科技社会的平均能量率密度为 200 万尔格每克每秒。

蔡森认为,无论是行星和恒星,还是动物和社会,能量率密度都是普遍适用于一切有序系统复杂程度的一种衡量标准。此外,当他把这些有序系统的能量率密度与它们首次出现在宇宙历史上的时间绘制成图时,这条线呈现出了明确的上行态势,这表明随着时间的推移,总体上,复杂性是在增加的(见图 8.1)。

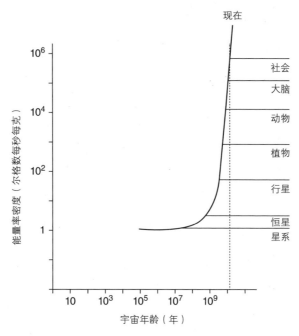

图 8.1 能量率密度升高：随着宇宙年龄的增长，进化出了越来越复杂的系统

## 热力学

第二项论证与热力学有关。乍看之下，热力学第二定律令人沮丧。它似乎表明无序性的增加是不可避免的，也是不可逆转的，宇宙正在耗尽创造和维持复杂实体（如生物）所需的能量。

从字面上来解读，这条定律意味着生命提升的可能性微乎其微。然而，人们用更细致入微的诠释来辩解道，局部的复杂性增加不仅为这一定律所允许，也符合定律提出的要求，而秩序可以从混乱中自发产生，也确实自发产生了。

西班牙巴塞罗那大学（University of Barcelona）的物理学家 J. 米格尔·鲁比（J.

Miguel Rubi）表示，严格说来，热力学第二定律只适用于处在平衡状态下的系统，在这种状态下没有任何变化发生。而这种情况在宇宙中很罕见。例如，地球被太阳加热，在其表面形成了能量梯度。在能量梯度存在之处，即使系统作为一个整体退化成无序状态，也可以有若干小块地区的复杂性出现上升。这些小块地区为复杂性的进一步上升提供了立足点。因此，能量梯度带来了第二定律的一处漏洞，允许生命产生并得以提升。

## 趋同进化

第三项论证是趋同进化。与古尔德的论点有所不同，生命这盘"磁带"重播过许多次了——至少部分重播过。许多情况之下，在相似环境中生活的大不相同的物种，以相似的方式发生了独立进化。

凯文·凯利（Kevin Kelly）是《连线》（*Wired*）杂志的创刊编辑，他在《科技想要什么》（*What Technology Wants*，2014 年，维京出版社出版）这本著作中给出了有关趋同进化的无数例证，以支持他的论断，即进化带来的结果——他认为科技也是其中之一——不是偶然的。鸟类、蝙蝠和翼手龙分别独立进化出了扑翼。海豚、蝙蝠和几种穴居鸟类分别偶然地进化出回声定位功能。南北两极的鱼类独立进化出防冻化合物。最有名的例子或许就是正透镜眼①，它至少独立进化过 6 次。凯利写道，这意味着进化有许多结果都不是偶然的，而是不可避免的。这些成果不仅包括身体器官，还包括大脑、思想、社会和科技。

智力可能是另一种趋同属性。剑桥大学的比较认知学教授尼古拉·克莱顿（Nicola Clayton）和伦敦大学玛丽皇后学院（Queen Mary, University of

---

① 眼睛的三种主要类型之一，存在于脊椎动物和某些非脊椎动物身上。

London）的认知生物学家内森·埃默里（Nathan Emery）认为，虽然灵长类动物和乌鸦在进化之树上相距遥远，大脑结构也截然不同，但它们却独立进化出了许多类似的认知和技能，包括使用工具、伪装欺骗以及复杂的社会分群方式。言外之意就是顺境下的进化下总会产生智力。

## 大灾难

最后，发展理论还必须对灾变说做出解释。令整颗星球发生改变的不可预测事件的发生，对任何关于进化的发展论观点都构成了一种挑战。该理论的批评者说，如果恐龙不是由于一次撞击而消亡了的话，那么哺乳动物就不可能有机会扩展到新的生态位，也就不会有从灵长类动物进化到会使用工具和语言的猿类的进化顺序。简而言之，没有撞击事件，就不会有我们。

剑桥大学古生物学家西蒙·康威·莫里斯（Simon Conway Morris）则反驳说，虽然大灾难延缓或加速了发展过程，但并没有使其发生显著的改变。关键在于趋同进化。

康威·莫里斯提出，假设当时那颗致命的陨石与地球擦肩而过，没有造成任何危害，那么在接下来的3000万年里，恐龙会一直存活到地球的下一次冰川期。

寒冷会让那些生活在热带地区之外的恐龙消亡，为与其共存的温血哺乳动物和鸟类开辟出生态位。最终会进化出与我们没什么分别的工具使用者，留在热带地区的恐龙迟早还是会被猎杀至灭绝。康威·莫里斯写道："到那时，恐龙的大灭绝就该开始了，与真实世界相比可能在时间上会落后个3000万年。"

因此，无论有怎样的大灾难降临，生命这盘磁带很可能还是会以同样的方式来播放。它或许会通过逆转某一次进展来延迟进化过程，但进化最终仍会再次发生。或者它也有可能通过开辟一个环境生态位来加速这一进程。无论是哪一种情况，结果都不会有实质性的改变，会改变的唯有时间。

如果这四项论证站得住脚的话，那就意味着需要对进化论进行重大的扩展，表明生命不仅在进化，而且在发展。

这势必带来深远的影响。与进化不同，发展是有方向的：橡子长成大树，胚胎长成新生儿。它永远不会与趋势背道而驰。虽然结果尚未完全确定，但它仍然受到了强有力的制约。

然而，方向和制约并不意味着设计和目的。进化论的发展观不需要目的论的帮助，这种进化理论不为智能设计提供支持。事实上，它以一个令人信服的自然主义解释，证明了复杂性出现的必然，从而对智能设计论造成另一次重大打击。

也许影响更深远的是，将进步纳入进化论会为我们自身的存在提供一种不同的视角。它为智慧及其产物语言和技术的出现提供了自然主义的解释，将它们描绘成宇宙可预测的结果，而不是偶然发生的意外。我们绝不"仅仅是一件小玩意儿"，我们在万物的秩序中会占据一个可以理解，甚至无法缺席的位置。

## 先适应，后突变：进化是无序的吗？

我们曾经认为，进化必定是从随机突变开始的；但现在，步行鱼和双足鼠正在颠覆我们的观念。我们早就知道，我们的肌肉、肌腱和骨骼通过适应来胜任我们令其执行的各种任务。越来越多的生物学家认为，这种可塑性在进化中可能也发挥了关键的作用。他们认为，动物往往是先适应、后突变，而不是先突变、后适应。这一过程甚至可能在重大的进化转变中也发挥了作用，如鱼类转向陆地，以及类人猿开始直立行走。

可塑性在进化中发挥了作用的观点可以追溯到一个多世纪以前。一些早期的生物学家认为，动物在一生中获得的性状可以遗传给它们的后代：长颈鹿通过伸长脖子去吃树叶而获得了长脖子，诸如此类。法国博物学家让－巴蒂斯特·拉马克是这一观点最有名的倡导者，但达尔文也抱有类似的观点。他甚至还提出了一种煞费苦心的机制，以解释身体变化的信息是如何到达卵子和精子从而传递给后代的。达尔文认为，通过这种方式，可塑性便产生了可遗传的变异，自然选择可以在这些变异上发挥其神奇的功效。

随着现代遗传学的兴起，这样的观念被摒弃了。情况变得很明显，动物一生中所作所为的信息是无法传递给后代的（尽管后来出现了一些例外）。人们认为，这意味着可塑性在进化中并没有发挥作用。

相反，大家关注的焦点转移到了突变上。到 20 世纪 40 年代，人们普遍认为，动物是先突变、后适应的。例如，精子细胞的某种突变可能会导致某些后代的身体发生变化。

如果这种改变有益的话，突变就会在种群中传播开来。换句话说，随机的基因突变产生了让自然选择得以发挥其作用的变异。这仍然是当今进化论的主导观点。

可塑性的巨大影响并没有完全被世人所忽视。例如，在 20 世纪 40 年代，荷兰动物学家埃弗哈德·约翰内斯·斯里帕（Everhard Johannes Slijper）研究了一只生来就没有前腿的山羊，它学会了用后腿像袋鼠一样四处跳跃。当斯里帕在山羊死后对其进行检查时，他发现，它的肌肉和骨骼形状更像两足动物，而不像四足动物。

几乎没有生物学家认为这些发现与进化过程有关。动物一生中发生的变化是转瞬即逝的，这一事实似乎根绝了相关的可能性。

## 瞬时反应

但是，如果引起可塑性反应的环境条件本身是长期存在的呢？在自然界里，由于诸如猎物或气候等条件发生了变化，就有可能产生这样的结果。然后一个种群里的所有成员将以相同的方式发展，将其始终如一地代代相传下去。这样看似是种群面对改变的环境发生了进化反应，但从严格意义上讲，这并不是进化，因为没有可遗传的变化发生。问题在于，唯一的判别方法只有通过在不同的环境中养育个体来对其进行"测试"。

至少通过这种方式，可塑性容许动物在并没有进化的情况下发生"进化"。当然了，关键的问题在于，从可遗传变化的意义上，它是否能导致真正的进化发生。令人惊讶的是，答案似乎是肯定的。20 世纪 50 年代，英国生物学家康拉德·哈尔·沃丁顿（Conrad Hal Waddington）在一次涉及果蝇的实验中证明了其可行性。沃丁顿发现，当蛹受到短暂的加热，某些子代在发育时翅膀上没有横隔脉。随即他将这些果蝇挑选出来，并加以培育。到第 14 代时，有些果蝇，蛹即便未受热也没有横隔脉了。一种最初是由环境触发的可塑性反应的生理特征已经变成了遗传特征。

这怎么可能呢？可塑性变化之所以发生，是因为环境因素以某种方式影响了发育途径。可能某种激素会增加，或者成长时长有所变化，或者在正常情况下并不活跃的基因受到激活，诸如此类。问题是随机突变也能起到类似的效果。因此，在某个特定的可塑性反应对生存至关重要的环境中，只有强化这种反应，或者至少不妨碍这种反应的突变才能在种群中得以传播。最终，发生了改变的发育途径会被基因支架牢牢地固定下来，即使未经环境触发，它也会发生，这样就使其成为一项永久性的遗传特征。

## 遗传同化

沃丁顿称这个过程为遗传同化。这听起来像是拉马克学说，但事实并非如此。获得性状并不像达尔文提出的那样直接影响着遗传变化，而仅仅是让动物在对某些偶然发生的突变有利的环境中茁壮生长。

沃丁顿的发现一直被人们视为一种罕见的特例，而非至关重要的通识。但在过去的一二十年里，大家的态度已开始发生改变。对基因灵活性的了解日渐加深是其主要原因。我们现在已然知道，动物的身体和行为在诸多方面都受到环境的影响，而非遵循着严格的预设。

这些发现致使一些生物学家声称，发育可塑性在进化中起着重要的作用。其中有少数人——如英国圣安德鲁斯大学的凯文·拉兰德——甚至认为，"先突变、后适应"的传统进化观需要重新考量了（参见第 11 章）。大多数生物学家尚未对此信服。

持怀疑态度的人指出，遗传同化并没有推翻进化论的任何基本原理——归根结底，无论是否涉及可塑性，进化都是突变的传播。可塑性的支持者表示虽是这样没错，但关键在于可塑性能决定哪些突变会得以传播，所以它起到的作用应该得到应有的重视。

有一个问题仍然有待回答，即遗传同化能否令最初因可塑性而出现的性状"固定下来"。10 年前，加拿大埃德蒙顿的阿尔伯塔大学（University of Alberta）的理查德·帕尔默（Richard Palmer）找到了一种从化石记录中搜寻证据的方法。大多数动物都具有某些不对称的性状。就我们人类而言，被编码进我们基因中的就是心脏和其他器官所处的位置。但在其他物种中，不对称性是可塑的。例如，雄性招潮蟹的大钳子既可能在左边，也可能在右边。

通过查看化石记录，对 68 个动植物物种的不对称性进行研究，帕尔默表明，在 28 种情况下，现今只出现在单侧的可遗传不对称性最初乃是出现在两侧当中任意一侧的非遗传不对称性。帕尔默说："我认为这是最显而易见的证明之一，说明遗传同化的确发生过，而且比我们料想的更加普遍。"

不过，还有一点需要提醒一下。帕尔默说，祖先的非遗传不对称性可能是随机遗传噪音导致的结果。因此，尽管他的研究确实显示遗传同化在发挥作用，但某些性状得以固定下来并不一定是发育可塑性的缘故。

# 表观遗传学在进化中有何作用

"表观遗传学"这一术语指的是影响基因活动的一系列分子机制。表观遗传"开关"可以促进或抑制基因活动。它们具有持久的影响，可以在细胞分裂时依然被继承，有时还可以在有性繁殖中被继承。遗传学家艾德里安·伯德在此探究了表观遗传性状可以代代相传的证据。

在 20 世纪七八十年代，我们开始对表观遗传现象所涉及的某些机制获得初步了解。首先发现的是 DNA 甲基化，即一个被称为"甲基"的化学小亚基被添加到 DNA 上。其他表观遗传机制还包括包裹着 DNA 的蛋白质发生的化学变化。表观遗传学最有趣的一个方面在于，它为环境提供了影响我们身体和行为（而非我们的基因）的途径——而且这些性状可能会遗传给我们的后代。

表观遗传的证据何在呢？对于植物来说，证据很有力。例如，在某些云兰属植物中发现的一种特殊花形忠实地进行着代际传递，却似乎没有涉及 DNA

序列中的任何差异。这种"反常整齐花"的花形在200多年前就已经为世人所知，原来它是由DNA甲基化导致的基因沉寂引起的。然而，没有什么证据表明这是"适应性"的表现。换言之，这种植物并不是在一代中学到了某样东西，用表观遗传学的方式将其"记住"，然后传递给下一代。

动物身上的跨代效应证据要少见一些。最好的例子是饮食对一种毛色异常的老鼠——刺鼠产生的影响。正常情况下，拜刺鼠基因所赐，一窝刺鼠幼崽的毛色各种各样，从黄色到深棕色都有。但是，如果怀孕母刺鼠的饮食中富含甲基的特定维生素和氨基酸的含量较多，那它就会生出更多的棕色幼鼠。

还有一项惊人的例证，在窝里被母鼠忽视的幼鼠长大后会变成容易受惊的胆小老鼠。有证据表明，这是通过一个调节应激反应的基因发生DNA甲基化来实现的。甲基化调低了基因上的"音量控制键"，导致了长期性的焦虑。根据进化适应性理论，这会让老鼠更不愿冒险，从而让它们为艰苦的环境做好准备。不过这是一种代内效应，不会代代相传。

2013年针对老鼠的一项研究（该项研究尚存争议）表明，即使是对某种特定气味的恐惧也是可以表观遗传的。那些学会了将樱花香气与电击联系起来的老鼠的子孙后代，在面对同样的气味时也会变得焦虑不安，令它们做出反应的香气浓度远低于正常老鼠的。2016年的一项关于青蛙的研究提供了迄今为止最有力的证据，证明父辈的生活方式可能会影响下一代。研究表明，精子的表观遗传标记改变了胚胎的基因表达。

那么人类呢？饥饿、忽视或疾病带来的表观遗传后果也会在人类中间代代相传吗？有一项研究显示，如果祖辈在十几岁时曾经历过饥荒，那么，与挨过饿的祖辈性别相同的孙辈其平均寿命就会更短。这就说明饥饿的经历改变了表观基因组，这种影响忠实地传递了两代，因而损害了孙辈的健康。由于这类研究属于统计性和回顾性的，所以很难调查在分子水平上发生了什么。此外，也很难排除这些影响是通过文化进行传递的可能——而非通过表观遗传学。目前正在大规模绘制涉及经验和疾病的人类表观基因组，这可能有助于解决这一难题。即便如此，也很难排除家庭内部的文化和行为（而非表观遗传学）才是这种传递的原因这一可能性。

### 通过表观遗传而进化？

如果个体可以通过与环境的互动获得性状，然后将这些性状传递给后代，那么，这是否会迫使我们重新思考以基因为中心的进化论思想以及基因是遗传的基本单位这一观点呢？越来越多的生物学家是这样认为的（在第 11 章会有详细的讨论），但并非所有人都对此表示同意。

"个体在一生中所获得的性状通过表观遗传被记忆下来，并传递给下一代，这种可能性导致迄今为止被世人认为并不可信的拉马克学说这种进化理论在某些领域得以复兴。"爱丁堡大学（University of Edinburgh）的遗传学家艾德里安·伯德说，"目前有堆积如山的证据支持的普遍观点仍然认为，进化是通过在偶然产生的遗传变异之间进行的自然选择。数据有许多都算不上可靠，但这并没有阻止以下观点的传播，即环境与表观基因组进行'对话'，可以确保在不发生突变的情况下，将可取或不可取（后者的情况更为常见）的性状传递下去。然而，表观遗传机制在进化过程中可能起到了一些次要作用。"

在理论方面，《自私的基因》的作者理查德·道金斯是怎么想的呢？他说："现在人们所描述的'跨代'效应还算有趣，但不至于引起对自私的基因这一理论的任何质疑。"不过，他还是建议将"基因"一词替换为"复制因子"。作为自然选择的基本单位，这个自私的复制因子不一定就是基因，但除了偶然发生的突变以外，它确实必须得到精确的复制。"表观遗传标记最终能否被认定有资格作为'自私的复制因子'，将取决于它们是否真的是高保真的复制因子，是否具有永久复制下去的能力。这很重要，因为如若不然，在自然选择中取得成功的物种和失败的物种之间就不会再有什么有趣的区别了。"道金斯指出，如果所有的影响在最初几代内就逐渐消失了的话，那就不能说它们获得了肯定的选择。

## 进化是可预测的吗

进化生物学家们长期以来一直在争论，如果让生命"磁带"倒带和重放，是否会产生相似的结果，抑或结果在很大程度上取决于各种偶然事件，它们将进化过程推入迥然不同的轨道。

这两种不同的选项带来的是对地球生命史大不相同的看法。一些著名的生物学家（如西蒙·康威·莫里斯）认为，与人类相似的智慧生命是进化的必然产物。其他的（比如让"生命磁带"这个比喻变得众所周知的古生物学家斯蒂芬·杰伊·古尔德）则认为，如果有可能让时间倒流，生命的历史不会重演，这将是一个陌生的世界，而且很可能不会有人类存在。

有许多研究已经在基因水平上测试了进化的可再现性。在其中一次测试中，一个国际团队利用了一项自然实验。有三种不同的陆地哺乳动物在进化过程中的某个阶段重新在海洋定居，从而产生了我们现在所熟悉的鲸鱼、海象和海牛。研究人员推断，通过比较这三个谱系的基因变化，应该可以揭示出进化在各谱系中遵循的到底是相似的路径，还是截然不同的路径。

他们对海牛、虎鲸和宽吻海豚的基因组进行了测序。比较结果表明，在每个谱系中，都有许多基因是独立变化的，这表明随机性在它们的进化过程中确实发挥了重要作用。

但是，对于 15 个基因来说，自然选择导致在这三个谱系中发生了一模一样的基因变化。这表明，对于海洋生命面临的某些挑战，进化反复地给出了相同的解决方案——重复播放生命磁带确实一次又一次地得到了几乎相同的结果。这是一次高分辨率的重放，着眼的是单个谱系会发生怎样的状况，而不是整体多样性最终会产生怎样的结果——这是古尔德的着眼点。

然而，这一结果与其说是表明了进化具备的创造性可以预测，倒不如说是表明了可行的选择寥寥无几。当研究小组对狗、象和牛——逗留在陆地上的相关哺乳动物——的基因组进行类似的分析时，他们同样发现，尽管这些动物的生活方式几乎完全不同，但它们的基因突变仍存在着相当程度的趋同性。

### 缺少选择

这可能意味着绝大多数的突变都是致命的，因此进化只能一而再再而三地在少量可行的突变上碰运气。也许在改变之后仍能发挥作用的只有这么多了。

另一项关于进化可预测性的研究观察的是荧光假单胞菌（Pseudomonas fluorescens）的种群，当在试管中予以培养时，它们通过突变和选择迅速地发生多样化，形成了不同的类型或"变种"。研究发现，当这些微型世界中植入了基因相同的微生物，并且种群规模很大（大约每毫升 10 亿个细胞）的情况下，每一次"重放"得出的进化改变模式都是高度相似的。仅仅一周之后，荧光假单胞菌便进化出了两个新的变种，研究人员分别称之为"易皱"和"模糊"传播者。但是，如果将其减少两个数量级以上，致使突变提供率受限，那么这种情况就不会发生。只有当某些特定的表型创新发生的概率很高，并且深受选择的偏好时，进化才会发生。

如果细菌菌落起初是一模一样的克隆体，然后沿着不同的进化路径抵达了相似的终点，那么一开始便有所不同的菌落又会如何呢？研究人员已经做过了这项研究，他们使用了不同的荧光假单胞菌起子培养液，去除了为易皱传播者的关键成分进行编码的基因，然后任由这些"有缺陷"的菌落进化。无论在哪种情况下，通过指派替代性的遗传系统和结构成分带来必要的改变，易皱传播者最终仍然出现了。因此，在面对相似的选择条件时，不同谱系可以为相同的问题找到相似的解决方案。

那么，如果重新播放生命磁带，虽然可能不会进化出智人，但有很大概率仍会进化出具有双目视觉、懂得内省的两足生物。

# 9

# 无私行为的进化

　　利他主义是进化论中最棘手的难题之一，为什么动物会对彼此这么好，这个问题引起了激烈的争论。如果你认同进化完全是围绕着自私的基因，那么群体又扮演着怎样的角色呢？适者生存意味着最适应的DNA才得以生存，这样一来，你我不过是单纯的运输工具，让我们的基因搭个便车，在通往子孙后代的道路上扬长而去。或者，也许不是……

# 利他主义的起源

自然选择理论清楚地解释了诸如老虎锋利的牙齿、北极熊厚实的皮毛和飞蛾身上的伪装等特征是如何进化而来的。然而，许多群居物种都具备有益于其他个体或整个群体的性状，而且自身往往会为此付出代价。要理解这些性状是如何进化而成的就要困难多了。达尔文认为，这是群体适者生存而非个体适者生存带来的结果。"群体选择"这一概念有着悠久而复杂的历史，是当今进化生物学中最具争议性的问题之一。在"是什么让动物做出利他之举"（见下）中，群体选择说的主要支持者大卫·斯隆·威尔逊概述了该领域的历史，并阐明了为什么群体选择是进化过程中一种强大的力量。还有对社会生物学先驱和群体选择支持者爱德华·O. 威尔逊（Edward O. Wilson）的采访。在本章后文中，我们还会了解到其他生物学家为什么提出异议，以及理查德·道金斯阐释，为什么以基因为中心的进化论观点足以解释利他主义。

# 是什么让动物做出利他之举

有许多动物会对群体中的其他成员施以援手，它们自身往往会为此付出代价。进化生物学家大卫·斯隆·威尔逊阐释了这样的性状是如何进化而成的，并提出了群体选择的充分理由。

狼会与狼群里的其他成员分享食物。长尾黑颚猴会冒着风险，不惜吸引捕食者的注意，发出示警的叫声。蜜蜂会为了保卫蜂巢而牺牲自己。它们为什么这样做呢？很难看出这样的性状是如何通过自然选择进化而成的，因为比起同一群体中更为自私的成员，以这样的方式行事的个体生存和繁衍后代的机会似乎要少得多。

达尔文本人敏锐地意识到，蜜蜂的自杀式蜇刺以及与人类道德相关的大部分美德（如勇敢、诚实和慈悲）对他的理论构成了严峻的挑战。在《人类起源》（*The Descent of Man*，1871 年）一书中，他写道："我们绝不能忘记……高水准的道德只会给每一个体及其子女带来相对于同一部落其他人的轻微优势，或者毫无优势。"

那么，问题来了，既然那些有利于其他个体或整个群体的性状（名为"亲社会"性状）似乎降低了个体在群体中的相对适合度，那么，这样的性状又是如何进化而成的呢？

## 一个简单的解决方案

达尔文意识到，如果不仅有个体层面的选择，还有群体层面的选择，这个问题便可迎刃而解。

如果由行为上亲社会程度较高的个体组成的群体在竞争中胜过了由行为上亲社会程度较低的个体组成的群体，那么就会进化出对群体有利的性状。简而言之，群体之间的自然选择会抵消群体内部的个体为亲社会行为付出的代价。

达尔文的见解是现代多层次选择理论的出发点。根据这一理论，生物系统是一个由各单元嵌套而成的层级结构，从个体内部的基因，到群体内的个体，再到种群内的群体，甚至于再到群体的集群。

在每一层级上，使一个单元内部的相对适合度最大化的性状，可能无法使该单元在整体层面上达到适合度最大化。在与同一生物体内其他基因的竞争中胜出的基因不太可能为整个生物体带来益处。

与群体内其他个体的竞争中胜出的个体不太可能为整个群体带来益处，以此类推。

## 一段复杂的历史

20 世纪上半叶，大多数进化生物学家都接受了群体选择的观点。事实上，人们过于急切且不加批判地接受了这一观点。大自然是由一位仁慈的上帝创造出来的，这一观念依旧挥之不去，影响了众多生物学家，他们认为自然在所有层面上都具有适应性——诸如，对个体有益的东西必定也对群体有益。正如 1949 年的一本生物学教科书所述："个体生物或种群越是能够调整自身以和谐地适应彼此及其所处的环境，它们的生存概率就会越高。"

虽然有些生物学家意识到，亲社会性状的进化往往会与群体内部的选择存在对立，但人们常常认为群体选择一般会占上风，这一观点后来被称为"天真的群体选择论"。英国动物学家韦罗·C. 维恩－爱德华兹（Vero C. Wynne-Edwards）可以作为该观点的代表人物，他于 1962 年提出，生物进化是为了调节种群规模，以避免过度利用其资源。

20 世纪 60 年代，当群体选择的观点受到密切关注时，天真的群体选择论被否定了，这是正确的。但其引发的强烈反应并未就此终止。基于对其合理性的争论——而非实际的实验和研究——人们形成了一种共识，即群体之间的选择几乎总是相对弱于群体内部的选择。正如进化生物学家乔治·C. 威廉姆斯（George C. Williams）在其极具影响力的著作《适应与自然选择》（*Adaptation and Natural Selection*）中所述的那样："事实上，与群体相关的适应并不存在。"

这是思想上的一次重大转变，对群体选择的排斥被视作进化思想史上的一道分水岭。在随后的几十年间，大多数进化生物学家都把社会适应解释为自私自利的表现形式，无须借助群体选择就可加以解释。在1982年出版的著作《延伸的表现型》中，理查德·道金斯甚至将复兴群体选择说的努力比作徒劳地寻找永动机。

## 广义适合度和自私的基因

20世纪60年代对群体选择说的排斥意味着生物学家不得不提出替代性的理论，以解释社会适应的进化。他们提出了几种理论，包括广义适合度理论（又称"亲缘选择"）、自私的基因理论和进化博弈论。

亲缘选择革命始于20世纪50年代中期的一家酒吧。有人问生物学家J. B. S. 霍尔丹，是否愿意献出自己的生命来拯救他的兄弟。经过几笔潦草的计算之后，他挑衅地回答道，他只愿意用性命来交换至少两个亲兄弟或者八个堂（表）兄弟。

为什么呢？因为给这种利他行为进行编码的基因只有当在亲属中留下了足够的拷贝时才能存续下去。人类的兄弟姐妹平均有一半的基因相同，而表亲只有八分之一的基因相同。因此，两个亲兄弟姐妹或者八个堂（表）兄弟姐妹等于一个自己。这种观点被称为亲缘选择，即动物更有可能对与之有亲缘关系的个体表现出利他行为。

后来，霍尔丹的同事威廉·汉密尔顿（William Hamilton）对这一现象进行了数学描述，称之为"广义适合度"，用数值来表示动物行为的成本和收益。从理论上讲，广义适合度使得计算某种特定的利他行为——比如陪同父母一起抚养兄弟姐妹——在整个种群中传播成为可能。

一场革命之火被点燃了。几十年来，生物学家们一直在运用汉密尔顿的数学方法来研究动物之间的合作关系。群体选择机制似乎不再能对利他主义做出解释，个体被视为了自然选择的主角。很快，基因又取代了个体的位置。正如理查德·道金斯 1976 年在《自私的基因》中著名比喻中所表达的那样，身体可以被视为仅仅是基因制造更多基因的方式。

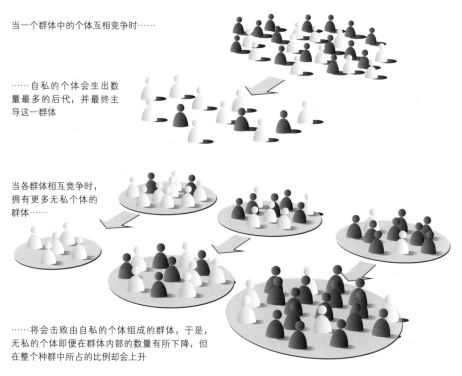

当一个群体中的个体互相竞争时……

……自私的个体会生出数量最多的后代，并最终主导这一群体

当各群体相互竞争时，拥有更多无私个体的群体……

……将会击败由自私的个体组成的群体，于是，无私的个体即便在群体内部的数量有所下降，但在整个种群中所占的比例却会上升

图 9.1　当由自私的个体和无私的个体组成的群体相互竞争时，会发生怎样的情况

　　不过，在接下来的几十年间，群体选择说却重新盛行起来。是什么导致了如此显著的变化呢？

　　否定群体选择说的基本理由在于，在实践中，群体内部的选择总是会胜

过群体之间的选择。

然而，研究表明，某些性状虽然对每一群体内的个体不利，却可以在群体间选择的力量下得以进化。

以水黾为例，这是一种在宁静的溪流表面滑行的昆虫物种。雄性与雌性的攻击性存在很大差异，实验室研究表明，在任何一个群体中，较之攻击性弱的雄性，攻击性强的雄性都能在争夺雌性的竞争中胜出。

然而，攻击性强的雄性也会阻止雌性进食，并有可能对它们造成伤害，这就导致攻击性强的雄性数量众多的群体比这种雄性数量较少的群体产生的后代更少。雌性会逃离存在大量攻击性强的雄性的群体，聚集到无攻击性的雄性所在的群体中，这加大了群体间的差异。因此，这些研究表明，群体间选择对于维持无攻击性的雄性在种群中的存续至关重要。

在另一项实验中，一个微生物学家团队在培养皿中培养大肠杆菌。随后，他们让其中某些大肠杆菌感染了一种病毒，并通过使用自动移液管将其进行转移，以模拟病毒的自然传播。研究团队发现，在某些情况下，生长缓慢的"谨慎"型病毒株比生长迅速的"贪婪"型病毒株更为成功。贪婪型病毒株往往在获得传播机会之前就把培养皿里的所有细菌都杀死了，于是自己也就跟着死了；而谨慎型病毒株存活的时间更长，因此也就更有可能获得占据其他培养皿的机会。

通过这种方式，谨慎型病毒株可以在种群中存续下去——虽然当贪婪型病毒株和谨慎型病毒株同时出现在单一培养皿里时，谨慎型病毒株总是会被贪婪型病毒株击败。换句话说，只有在种群间选择的影响下，谨慎型病毒株才能存活下来。

这项实验的情况与 20 世纪 60 年代韦罗·C. 维恩－爱德华兹提出的许多物种中生殖抑制的进化情景非常相似。或许并非所有物种都会进化出这种抑制，但正如这项实验所显示的那样，在某些情况下，某些物种中能进化出生殖抑制似乎确有其合理性。

这两项实验涉及的空间和时间尺度截然不同，却都体现了群体选择的关键问题和简单的解决方案：有利于整个群体的性状对群体内的个体并无益处，因此还需要另有一个额外的自然选择层级才能进化而成。

对于所有物种（包括我们人类自身在内）而言，达尔文遇到的问题都是个无法避免也不可更改的事实：亲社会的适应性表现往往会使个体相较于其群体中的其他成员处于不利地位。进化出这种性状的唯一方式便是在自然选择的过程中再添加一个层级，这一层级便是群体选择。

## 进化中的重大转变

直到 20 世纪 70 年代，人们依旧认为，进化完全是在积累了多代突变的基础上发生的。此后，生物学家林恩·马古利斯（Lynn Margulis）提出，复杂细胞并不是由细菌细胞历经微小的突变步骤进化而来的，而是由不同种类的细菌形成的共生体进化而来，这些共生体本身就成了较高级的生物。

20 世纪 90 年代，进化生物学家约翰·梅纳德·史密斯（John Maynard Smith）和伊尔斯·萨特玛丽（Eors Szathmary）提出，在整个生命史上，类似的重大转变自始至终都在发生着，包括第一批细胞的进化、多细胞生物的出现和社会性昆虫群落的发展。

他们甚至提出，这可以解释生命的起源，因为相互合作的分子反应群聚在一起，创造出最初的生命形式。认识到进化不仅是通过微小的突变步骤发生的，也是由生物群体转变为较高级生物体的过程，这代表了进化思想中最深刻的发展之一。如今的个体就是昔日的群体。

要发生重大的进化转变，群体内选择和群体间选择的平衡就必定要有所改变。唯有当群体间选择成为进化的主要力量时，群体才能变成个体，而这种情况又唯有在进化出了抑制群体内选择的机制时才会发生。例如，减数分裂规则确保了染色体上的所有基因在配子中都有同等的表达机会。如果基因的成功不能以牺牲彼此作为代价，那么成功的唯一途径就是以群体的形式获得集体成功。

重大的进化转变在生命史上属于罕有事件，但随着新形成的超个体在生态上占据主导地位，这样的转变会带来特殊的后果。昆虫的真社会性只发生过十几次——包括在蚂蚁、蜜蜂、黄蜂和白蚁当中——但昆虫群落却占据了所有昆虫生物量的一半以上。

这些转变永远没有完成的那一刻，因为群体内选择只是被抑制了，而并没有被消除。有些基因的确做到了让减数分裂规则对它们有利。人们正日益将癌症当作发生在个体内部的一种进化过程来研究，它导致某些基因以牺牲其他基因为代价来获取成功，从而给整个群体带来了悲剧性的后果。

## 采访：从利他主义到新启蒙运动

E. O. 威尔逊是社会生物学领域之父。在 2012 年接受《新科学家》杂志采访时，他认为群体选择是进化的主要驱动力。他是哈佛大学名誉教授。他有 25 本著作，包括具有开创性的《社会生物学》（*Sociobiology*，1975 年）、《知识大融通》（*Consilience*，1998 年）以及获得了普利策奖的《论人性》（*On Human Nature*，1978 年）和《蚂蚁》（*The Ants*，1990 年）。

《新》：2010 年，您卷入了一场备受瞩目的学术争论之中，争论的问题在于是什么推动了诸如利他主义等社会特质的进化。为什么非专业人士会关注这个问题呢？

威：如今，科学所取得的进步已经足以让我们条理清楚地回答我们从哪里来、我们什么样这种问题了。但要继续回答相应的问题，我们还必须先解答两个更为基础的问题。第一个问题是先进的社会生命起初为什么会存在，而且产生的次数屈指可数。第二个问题是推动其形成的驱动力是什么。

真社会性——某些个体降低自身的繁殖潜力来养育其他个体的后代——是社会组织的先进形式得以巩固的基础，也是社会性昆虫和人类占据主导地位的基础。原先用来解释这一现象的关键论点之一，是亲缘选择理论或广义适合度。该理论认为，个体之间的合作取决于彼此之间的关系。长久以来，我都对此持怀疑态度。标准的自然选择更简单、更优越。人类起源于多层级选择——个体选择与群体选择相互作用，或者说部落与部落相互竞争。我们需要对此有更深刻的了解。

《新》：更好地理解多层级选择会起到什么帮助呢？

威：我们应当把自身看作这两个往往相互作用又相互竞争的进化选择层级造就的产物。个体选择与群体选择针锋相对，导致了社会成员之间混合着利他主义与自私自利、美德与罪恶。如果我们这样来看待问题，那么对于矛盾的情感为什么恰恰是人类存在的基础，我们似乎就能非常直截了当地得出一个答案。我认为，这也可以解释为什么我们似乎始终无法以令人满意的方式来解决问题，尤其是国际问题。

《新》：所以这要归结为个体选择和群体选择的性状之间的冲突？

威：是的。从调和不同的宗教何其艰难尤其可以看出这一点。我们应该认识到，宗教冲突不是民族之间存在差异的结果，而是创世故事之间的冲突。我们有着多种奇异的创世神话，每一种神话的特点就是让信徒确信他们这个版本才是正确的，因此无论在何种意义上，他们都比其他宗教的信徒要高人一等。这助长了我们的部落主义倾向，即要形成群体，占据领土，针对任何对我们自身、我们所在的部落和我们特殊的创世传说构成侵扰和威胁者做出激烈的反应。这样强烈的本能唯有通过群体选择——部落之间的竞争——才能在进化中得以产生。对我而言，信仰的奇异特质是这一层级的生物学组织合乎逻辑的结果。

《新》：我们能做点什么来对抗自身的部落主义本能吗？

威：我觉得，我们已准备好，可以创造出一个更加以人为中心的信仰体系。我明白，我说这话听起来像是个科学与技术的倡导者，可能我确实就是，因为我们现在所处的正是一个科技时代。除了让人类变得更加诚实、对自身有充分的认识之外，我看不出还有什么办法可以解决有组织的宗教和部落主义所造成的问题。现如今，我们正生活在一个卡尔·萨根（Carl Sagan）所谓的群魔乱舞的世界，他说得对。我们已经缔造出了星球大战文明，但我们的情感仍然停留在旧石器时代，我们的习俗仍然停留在中世纪，我们的技术仍然神圣不可侵犯。这很危险。

《新》：从这些宏大的问题到最渺小的生灵……在采访全世界最著名的蚂蚁专家时，我不能不问一句：您有最喜欢的一种吗？

威有的。我最喜欢的是一种叫作"热带美洲蚁"（Thaumatomyrmex）的蚂蚁。

我游历了那么多地方，却只见过三次。它们非常罕见。这种蚂蚁的颚上有齿，看起来就像干草叉，牙齿特别长，上下颚闭合时，这些牙齿就会互相重叠。至少在一个物种中，它们的牙齿实际上是在头后咬合的。那这怪物吃什么呢？它要牙齿干什么呢？我非得弄明白不可，所以我就向该领域年纪较轻的专家们发出了呼吁，尤其是在南美洲的专家，这些蚂蚁就是在那里发现的。

最终，他们找到了答案：它以毛马陆目千足虫为食。这些千足虫的身体虽然柔软，但却像豪猪一样浑身都是刚毛。所以蚂蚁就用一根长齿穿过虫毛，将其固定住。我们原先没有注意到的是，这种蚂蚁的身上（在某些肢体上）也有像刷子一样浓密的毛，蚁群的成员在将其瓜分之前，会用这些刷子似的毛把千足虫的刚毛刷掉——就像把一只鸡洗刷干净。这是我最喜欢的一种蚂蚁。

## 利他主义的起源引起了激烈的争论

对于普通人来说，他们很难理解利他行为的起源为何会让生物学家们如此激动。但是关于这个话题的争论可能是科学界中最为激烈的。

因为利他性状（如放弃自身的繁殖以帮忙抚养另一个体的后代）的进化一直被世人用亲缘选择的概念来加以解释，也就是帮助你的亲戚——从而帮助你与他们共享的基因得以传播——的重要性超过了你因没有自己的后代而付出的代价。重要的是基因，而不是承载基因的个体，或是这些个体生活于其中的群体。理查德·道金斯所谓自私的基因这一人尽皆知的比喻对这个观点做出了概括。

因此，大卫·斯隆·威尔逊等人重新提出群体选择的想法，便引发了以基因为中心的道金斯阵营中的生物学家们激烈的反应。2008 年，E. O. 威尔逊写了一篇论文，概述了为什么亲缘选择并非进化出没有生育能力的工蜂的决定性因素，这又招致了更猛烈的怒火。他认为，一旦发展出了完全具备真社会性的蜂群（母"蜂王"在巢中得到不具备繁殖能力的后代协助），它们就会通过群体选择的方式继续进化，因为互相合作的群体比不互相合作的群体生活得更好。

这也引发了众多其他生物学家尖锐的回应。例如，理查德·道金斯就在《新科学家》上发表的一篇评论文章中挑出了 E. O. 威尔逊"有误导性"的群体选择术语中的漏洞，并辩称，"真正重要的乃是基因选择"（参见本章后文中的采访）。他在文章的结尾处这样写道："很明显，威尔逊对于'群体选择'这种怪异的迷恋可以追溯到很久以前——对于一个具有如此影响力的生物学家而言，这很不幸。"

争论仍在继续。举例来说，在 2010 年荷兰皇家艺术与科学学院（Royal Netherlands Academy of Arts and Sciences）的阿姆斯特丹会议上，一位理论生物学家谴责他的三位同事"缺少学术性""显然是错误的"，还疑惑是什么导致了这些"有才华又诚实的生物学家"这般"误入歧途"。

此次会议的主题是冲突和合作的进化。大会仅仅是围绕着三位哈佛大学科学家——数学生物学家马丁·诺瓦克（Martin Nowak）、科瑞娜·塔尼塔（Corina Tarnita）和 E. O. 威尔逊——的研究展开的激烈争论上演的舞台。上一个月，他们几人在《自然》杂志上发表了一篇论文，抨击了广义适合度。

他们发起的抨击在细节上固然是技术性和数学性的，但带来的后果可能却很深远。他们表示，广义适合度与现实世界无关，并建议用一系列方程式来代替它，这些方程式能将合作的进化过程描述得前所未有的详尽。诺瓦克和塔尼塔说，问题在于，用来描述广义适合度的计算方法在现实世界中根本行不通，因为它们依赖的是一组限制性的条件，而大自然并不拘泥于这些条件。诺瓦克指出，在成千上万种昆虫物种中，尽管子代彼此之间的关系与蚁群中工蚁之间的关系一样亲密，但它们还是会离开巢穴。这表明，除了亲缘选择之外，还有某种其他的因素促使工蜂留在巢中，并驱动其表现出利他行为。

对某些生物学家来说，这个新模型相当于朝着正确方向迈出了一步。而对另一些生物学家而言，这不啻发疯，超过 137 名主要生物学家联名给《自然》杂志写信，批评诺瓦克的论文。他们在信中写道："诺瓦克等人认为，广义适合度理论在对自然世界做出解释方面几乎没有价值，在解释真社会性的发展上带来的进步也可以忽略不计。然而，我们相信，他们的论点是基于对进化理论的误解和对实证文献的误读之上的。"

关于群体选择和广义适合度的争论至今仍在继续。

### 采访：自私的基因其实可以解释利他的个体

理查德·道金斯是牛津大学的进化生物学名誉教授，他的科普书籍启发了数百万人，但他也因为一些有争议的言论——尤其是关于宗教的言论而受到抨击。2013 年，在接受《新科学家》采访时，他谈到了群体选择，也谈到了他对于世界上最著名的无神论者这一身份是否会让他的科学遗产黯然失色这一点的感想。

《新》：这些年对您起推动作用的因素有所改变吗？

道：没有改变——仍然是对真理的热爱、对明晰的热爱、对科学之诗意的热爱。就我对其他替代性选择和迷信等表现出的敌意而言，那是因为它们正在逐渐侵蚀教育，让年轻人丢失了真正辉煌的科学世界观——在这种情况下，我尤其关心孩子。看到孩子们被引进中世纪的迷信那黑暗而狭隘的角落是件很悲惨的事。

《新》：您发起的一场斗争是反对群体选择——进化是通过选择有利于群体而非基因的性状来起作用的。您摧毁了那个范例，但它重新出现了。

道：应该算是新瓶装旧酒吧。如果你仔细观察一下的话，你就会发现，原来是像亲缘选择这样的概念被重新命名为群体选择了。这让我很恼火，因为我认为这是肆意地将一些实际上相当明晰的东西加以模糊化。

我认为它之所以回归，部分是出于政治上的原因。社会学家很喜欢群体选择，我想，这是因为他们更容易受到对人类冲动的情感评价的影响。我认为，人们希望利他主义能成为某种驱动力；驱动力这种东西并不存在。他们希望利他主义是根本性的，而我希望对其做出解释。自私的基因其实可以解释利他的个体，对我来说，这一点再清楚不过了。

《新》：您目前对进化生物学的哪些课题感兴趣呢？

道：分子遗传学是如何变成信息技术的一个分支的，我对这件事很感兴趣。我后知后觉地想要弄明白，是否只能如此；如果遗传学并非一种数字化、高保真的计算机科学，自然选择是否就无法真正发挥作用？换句话说，我们能否预测，如果宇宙中的其他地方也有生命，那它也会和我们一样拥有高保真、数字化的基因吗？

《新》：当我们能够在更大程度上摆弄自己的基因时，您认为这会将我们引向何方？

道：有趣的是，如果就达尔文公式中的两个要素——突变和选择——

而言，你会发现，除了我们自身这个物种之外，几乎所有的物种都已经被我们的选择搞成了一团糟。我们把狼变成了哈巴狗，把甘蓝变成了花椰菜，在农业科学上掀起了一场场巨大的变革。然而，除了少数特例之外，还没有人尝试过要培育出半人半哈巴狗或者半人半灰狗的生物。

现在，达尔文算法中突变的那一半已经变得顺应于人类的操纵了，人们马上又开始提问——当我们开始摆弄基因的时候，接下来又会发生什么呢？大家差不多忘记了，我们数千年来可能一直就在胡乱摆弄选择，却尚未成功。也许，那些阻止了我们摆弄选择的因素同样也会阻止我们摆弄突变。

《新》：您相信非理性有遗传基础吗？

道：如果导致人们容易受到宗教影响的心理诱因没有遗传基础的话，那倒是相当令人惊讶。

我和其他许多人都提出过一个关于非理性的观点，那就是我们在自然状态下面临的危险往往来自像豹子和蛇这样的进化动因。因此，对于风暴这样的自然现象，谨慎的做法可能是将其归因于一种动因，而不是物理力量。这就是众所周知的高高草丛里的沙沙声，那很可能不是豹子，可万一真是豹子的话，你就麻烦了。因此，我们可能生来就具有一种偏好，我们关注的是作用力，而不是乏味的古老自然力量。

可能需要花很大力气才能将其克服。尽管我们已经没必要再害怕豹子了，但我们仍然遗传了那些害怕豹子的人所拥有的本能。在没有任何动因的地方看到动因，这或许已经被编写成程序，嵌入了我们的大脑。

《新》：如果我们是非理性的，那么人们冲你发火的原因之一或许是他们觉得自己的本性受到了攻击。

道：出于达尔文学说里的充分理由，我们承认人们是非理性的。但我认为，我们不应该过于悲观地认为，我们因此就注定了永远都是非理性的。

《新》：您更宁愿人们因为您对科学的阐释还是您对宗教的态度而记住您呢？

道：对我来说，这二者并无不同——它们是同一枚硬币的正反两面。但我估计，我还是宁愿人们因为我对科学的阐释而记住我。如果有人出于宗教原因而否定我的科学，那我会很沮丧的。

# 将其视为人身攻击

对利他主义的生物学解释所做的探索与我们对善的观念有着错综复杂的联系。难怪有生物学家会将其当成人身攻击。

利他主义的本质及与人类善良品质的相似性使其容易受到政治、哲学和宗教主观性的影响。研究原子结构很难掺杂个人化的成分，研究利他主义却不同。毫无疑问，对于利他主义研究史上的两位人物——托马斯·赫胥黎和彼得·克鲁泡特金（Peter Kropotkin）而言，问题本该如此。

赫胥黎又被人称为"达尔文的斗牛犬"，在1888年的一篇题为《生存斗争》（*The struggle for existence*）的文章中，他概述了自己关于这个主题的想法："从道德家的角度来看，动物世界与角斗士表演基本上处于同一水平……（对于史前人类而言）生命就是一场持续不断的混战，除了家庭中暂时性的有限关系之外，每个人对战所有人的霍布斯式战争①就是正常的生存状态。"对赫胥黎来说，利

---

① 指托马斯·霍布斯，英国哲学家，《利维坦》等的作者，"霍布斯式战争"即一切人对一切人的战争。

他主义很罕见，只有在血亲之间，才有可能发生。

克鲁泡特金曾经当过俄国沙皇的侍从，后来成了一位在西伯利亚研究了 5 年自然史的博物学家。在西伯利亚，他认为，在遇见的每一个物种中，他都看到了与血缘关系脱钩的利他主义。"不要竞争！"克鲁泡特金在他颇具影响力的著作《互助：进化的要素》(*Mutual Aid: A factor of Evolution*，1902 年) 中写道："这是从灌木、森林、河流和海洋向我们飘来的口号。因此，联合起来——实行互助吧！"

## 截然不同的结论

他们两位都是受人尊敬的科学家，怎会得出如此截然不同的结论呢？克鲁泡特金不仅是一位博物学家，也是世界上最著名的无政府主义者。他相信，既然动物都能在没有政府的情况下表现出利他主义，那么文明社会同样不需要政府也可以过上和平的生活，表现出利他主义。克鲁泡特金密切关注的是被他视为"现代进化论哲学所遵循的进程……社会是有机体的集合体，试图找出将个人的需要与合作的需要结合起来的最佳方式"。他将无政府主义视作进化的下一个阶段。

赫胥黎受身边发生的各种事件的影响并不比克鲁泡特金少。在他出版《生存斗争》前不久，他的女儿玛迪死于与精神疾病相关的并发症。身处对玛迪去世的绝望中，他写道："你看见一片鲜花盛开的草地……你的记忆停驻于此，俨然一幅宁静而美丽的画面。这是种错觉……不是小鸟在啁啾，而是要么杀人、要么被杀……谋杀和猝死乃是家常便饭。"赫胥黎在看待他女儿的死亡时正是将自然视为斗争与毁灭——利他主义的对立面——的化身，正是在这种心境之下，他写下了这篇文章。

继赫胥黎与克鲁泡特金之后，又出现了一批令人神往的人物。在美国，有一位贵格会的生态学家沃德·克莱德·阿利（Warder Clyde Allee），20世纪30年代，他做了关于利他主义的第一批真正的实验。他关于这一主题的著作，很难区分类属宗教还是科学。事实上，他经常从两类著作中抽取文字，并将其添加到另一类著作中。大约在同一时期的英国，种群遗传学创始人之一J. B. S. 霍尔丹谈到了利他主义和亲缘关系，并且差一点就发展出了有关这一主题的数学理论，但是他突然半途而废了——谁也不太清楚究竟是为什么。

## 利他主义的数学原理

又过了一代人之后，比尔·汉密尔顿（Bill Hamilton）提出了关于利他主义的进化及其与血缘关系的关联的数学理论。汉密尔顿既是一位充满激情的博物学家，也是一位富有才华的数学家。20世纪60年代早期，他在攻读博士学位期间，建立了一个复杂的数学模型，用来描述血缘关系和利他主义的进化。幸运的是，这个模型可以归结为一个简单的方程式，即如今所称的汉密尔顿法则。这个方程式里只有三个变量：利他主义者为利他主义所付出的代价（$c$）、利他主义的对象所获得的利益（$b$）以及他们之间的遗传相关性（$r$）。汉密尔顿法则声称，当 $r \times b > c$ 时，自然选择便会有利于利他主义。

汉密尔顿的方程式相当于是说：如果一个利他主义的基因要得以进化，那么利他主义付出的代价就必须通过利益补偿来加以平衡。在他的模型中，利益可以在利他主义者的血亲身上得到累积，因为这些血亲也有可能携带利他主义基因（概率为 $r$）。换言之，如果利他主义基因帮助自身的副本存在于血亲之中，那么它就能得到传播。

整整一代生物学家都深受汉密尔顿法则的影响。种群遗传学家乔治·普莱斯（George Price）便是其中之一，他是一位兼收并蓄的天才，当无意间读到汉密尔顿的作品时，他变得沮丧起来。他曾经希望善良可以不受科学分析的影响，但汉密尔顿的理论似乎证明情况并非如此。

普莱斯仔细研究了模型中的数学运算，他发觉汉密尔顿低估了自己理论的力量。

在与汉密尔顿一道研究亲缘关系和利他主义时，无神论者普莱斯经历了一种宗教性的顿悟。具有讽刺意味的是，普莱斯相信，他关于利他主义的发现是神灵的启示带来的结果，这彻底改变了关于宗教与进化的论辩。他成了一名虔诚的基督徒，把大部分财产都捐出来用于帮助穷人。在若干不同时期，他占寮屋而居；另一些时候，他则睡在伦敦大学学院高尔顿实验室（Galton Laboratory）的地板上，那是他工作的地方。普莱斯过的就是他用数学建模分析过的那些利他主义者的生活。

### "适者生存"能证明"人人为己"有理吗

"适者生存"一词受到了世人广泛的误解。尽管这个词让人联想到一场激烈的生存斗争，但在现实生活中，"适者"一词却鲜少意味着"最强者"或"最具侵略性者"。相反，它的含义可能非常宽泛，既可以是最善于伪装者或繁殖力最旺盛者，也可以是最聪明者或最具合作性者。

我们在自然界中看到的情况也并不是所有动物都只为自身打算。合作是一种极为成功的生存策略。事实上，它是生命史上所有最引人注目的步骤发生的基础。复杂细胞是由相互合作的简单细胞进化而来的。多细胞生物是由相互合作的复杂细胞组成的。像蜜蜂或蚂蚁群落这样的超个体是由相互合作的个体组成的。

此外，要求用"适者生存"来证明任何一种经济或政治意识形态的合理性都属于无稽之谈，尤其是在基于这是"自然"现象的情况下。

就因为北极熊吃人，所以我们同类相食也没关系吗？就因为许多鸟类的雏鸟都会杀害自己的兄弟姐妹，所以你残害手足也没关系吗？几乎每一种被我们大多数人视为"非自然"的行为，在动物王国的某个犄角旮旯里都是完全合乎自然的。没人能理直气壮地说，这就证明人类做出相同的行为也是合理的。

不过，尽管这样的例子表明了以是否合乎"自然"来判断对错完全是荒谬的——这是自然主义的谬论——但就进化论而言，我们似乎有一个奇怪的盲点。从自由市场到优生学，据说适者生存可以作为各种事物的正当理由。这种观念在某些圈子里仍具有强大的影响力。

然而，自然选择只是在描述生命世界中发生的事情而已，它并没有告诉我们应该如何行事。

# 10

# 回顾《物种起源》

　　阅读《物种起源》时，你会体验到一种不同寻常的感觉：一位科学天才进入了你的脑海，指引着你理解他最重要的理论。2009 年，为了纪念这部有史以来最具影响力的科普著作出版 150 周年，《新科学家》杂志邀请了遗传学家、进化论思想家兼作家史蒂夫·琼斯，对该书进行了适合于 21 世纪的总结和更新。以下便是他对达尔文这部伟大著作加以更新后的版本。

# 适合于 21 世纪的《物种起源》

进化论生物学在科学理论中独树一帜，它仅仅源于一位作者的一部畅销著作。这位花白胡子的天才提出了一种全新的激进存在观：生命随着时间的推移和空间的变化而发生了改变，这在一定程度上是通过一种名为自然选择的简单过程来实现的。

查尔斯·达尔文称他的研究为"长篇大论的论证"。对 21 世纪的读者来说，这部书似乎确显冗长，只有一幅插图让书中的 15 万字生动起来。但达尔文是位条理清晰的思想家，这部著作宣扬的主张令人印象深刻，它从人们熟悉的事情——农场里的动物是如何变化的——讲到不熟悉的事情，包括胚胎和本能。

达尔文还向我们表明，他的论点中看似存在的问题（比如眼睛等复杂结构不可思议地完美）实际上便是答案的一部分，而他的论证中看似薄弱之处——包括化石记录的不完整性——也可以轻易地加以解释。他有时也会犯错——比如他并不了解格雷戈尔·孟德尔在遗传学方面的研究，声称遗传是建立在血统混合的基础上——但他在大部分情况下都是正确的。

达尔文把进化过程描述为"后代渐变"。今天，这个词或许可改称为"遗传学加时间"。后代与父母相似是因为从父母那里遗传了 DNA，但复制过程并不精准。每一轮复制都会出现错误或突变，尽管它们单独而言很罕见——每一代人类起作用的基因可能仅有一到两个突变——但很快就能形成丰富的多样性。副本的拷贝始终是不完美的，仅仅是这个原因，进化就不可避免。达尔文还有第二项深刻的见解。他发现，如果某一种特定变异体使其携带者更为成功地存活、交配和传承自身基因，那么在其后的世代中，它也会得以传播。

这种在繁殖机会上的遗传差异使生物能够适应变化的环境，并适时产生出新的生命形式。正如他所说，自然选择如同一座工厂，可以制造出几乎不可能存在的东西。

《物种起源》成书有点仓促。当达尔文发现阿尔弗雷德·拉塞尔·华莱士偶然间产生的想法与他从"贝格尔号"之行归来后不久就一直在琢磨的想法一模一样时，他便把原先打算写的一部篇幅冗长的著作压缩并加以完善，着手把他的理论介绍给广泛的读者。这本书比当初计划的篇幅要小得多，但结论却清晰得多——毫无疑问，这就是该书产生了如此立竿见影的影响之原因。达尔文一遍又一遍地为书中遗漏了那么多的内容而道歉，并耗费了余生中的大部分时间来查漏补缺。

如果说《物种起源》是一封仓促间写给读者的信件，那么下面的叙述就只能算是一张明信片，不过是概要地勾勒出了达尔文若是在当今可能会如何阐述其观点。

## 第一章　家养状况下的变异

在这一章里，达尔文用驯化的例子来探索造成变异性的原因和选择的法则。

农民从一开始就不知不觉地成了进化论者，因为他们塑造了驯化物种的特性。再也没有什么地方比在家中的炉火边更能清楚地看到人类选择的力量了。大约 16 000 年前，中国人驯化了狗，可能是为了吃肉。狗的祖先是狼——这两种动物至今仍沿用着同一个学名：灰狼（Canis lupus）。但从那时起，狗已经发生了巨大的变化。饲养员是残忍的，凡是他们不认可的动物就会统统被杀掉。这种选择性的处死，再加上选择性的交配，很快就让狗呈现出五花八门的形态。

有些种类的狗具备显著区别的历史已经长达若干世纪了，但大多数的狗还不到 400 年。在达尔文的童年时代，获得了命名的品种还不超过 15 种。到了《物种起源》出版的时候，这个数字已经增加到了 50 种。如今大约已有 400 种了。今天的许多品种在不超过 30 代左右的时间里便获得了独特的性质。有时，单个突变就会产生出一个新的品种。

爱尔兰猎狼犬身高 1 米，体重相当于 30 多只吉娃娃，但两者之间的体形差异却是由单一基因造成的，这种基因在大型犬身上以一种形式存在，在小型犬身上则以另一种形式存在。然而，大多数品种之间的差异都涉及诸多基因，这些基因是由育种者在不知不觉间选择的，目的是完善特定血统的特性。如果形形色色品种的狗在大自然中奔跑，它们说不定会被哪位热心却天真的博物学家划分为不同的物种。杜宾犬跟吉娃娃怎么可能属于同一类别呢？

即便如此，尽管交配在逻辑上存在一些困难，但不同犬种之间杂交仍能产生有繁殖能力的后代，这是关于物种的几种定义之一。同样，欧洲灰狼和家犬可自由杂交，所以二者才共用同一个名字。纯种狗俱乐部在短短几十年间就充分展示了达尔文学说。

"至于你的信条，如果有必要的话，我已经准备好为其赴汤蹈火了……我相信，你无论如何也不会允许自己厌恶或气恼地面对无数辱骂和歪曲，除非是我大错特错，否则这一切他们应该早就给你张罗好了……至于那些会汪汪大叫的杂种狗嘛——你务必要记住，你的某些朋友不管怎样都有那么点好斗（尽管你经常对此恰如其分地加以批评），这可能会让你处于有利的境地——我已经准备就绪，正在磨刀霍霍。"

以上是 1859 年 11 月 23 日，达尔文的支持者托马斯·亨利·赫胥黎就《物种起源》一书给达尔文写的信的部分内容。

## 第二章　自然状况下的变异

在这一章中，达尔文考虑了个体差异，并强调物种中让自然选择得以发挥作用的变异性相差甚远。

自然界充满了变异。到目前为止，已确认的动物物种超过180万个，毫无疑问，另有许多物种还有待发现。对其他生命王国的了解就更少了。许多栖息地几乎从未被人探索过。一项对从大西洋、太平洋、波罗的海、地中海和黑海采集的水中微生物进行分类的计划揭示了数千个新的基因家族。它们证明，在占生物圈99%的栖息地中，存在着大量尚且不为人知的生命形式。

达尔文着迷于生物的多样性。他认识到新物种往往是从现有形态的变异中产生的，遗传学已经表明这种变异的程度之大令人惊诧。物种内的变异性经过了自然选择的仔细检验，自然选择在特定环境中促进的是特定性状。如果一种生物占据了两个被时间或空间分隔开来的不同栖息地，它可能就会被细分为两种无法相互交换基因的生命形式，也就是细分成两个物种。

有时，物种之间的边界是不断变化的，并不稳定，这足以证明变动中的环境带来不断变化的动态压力。例如，在北美，红狼和郊狼尽管截然不同，却有许多代都生活在同种类型的地方。二者都保持着自身的特性。但近年来，受到人类活动的影响，它们被迫靠得更近了，并已开始生出有繁殖能力的杂交后代。对它们来说，基因共享的障碍还没有完全形成，在一段时间内曾经的两个物种如今重新融合成了同一物种。

## 第三章　生存斗争

在这一章中，达尔文描述了自然界中为抢夺有限的资源而起的竞争。

在指定时间内，所有的物种都具备让数量大幅增加的潜力，但因为缺乏食物，或者由于疾病、被捕食或缺少一个家园，它们并没有大幅增加。在达尔文时代，浪漫的诗人和自由主义社会中的许多人都拒不承认这样的生存斗争。现在我们虽然接受了它，却常常忘记了它是多么无情。

例如，大约有 4 亿只宠物狗在人类家庭中过着安逸的生活。而在许多对狗持轻蔑态度的文化环境中，还有数百万只狗在成群结队地游荡，不得不在垃圾堆里寻找食物，它们的日子过得混乱，寿命短暂而且不健康。与此同时，曾经在北方的森林中四处游荡的狼群已经被人类挤出了家园。欧洲现在只剩下几千只狼了，如果不加以保护的话，它们很快就会死个精光。狼和野狗都很不幸，遇到了迄今为止大自然中最为棘手的敌人；二者都在生存斗争中付出了代价。

## 第四至五章　自然选择即适者生存和变异的法则

在这一章中，达尔文解释了在生存和繁殖能力方面的遗传差异如何塑造了自然，以及对自然选择借以发挥作用的变异产生影响的力量。

一万年前，北美大部分地区都被冰雪所覆盖。随着冰川的消退，一派复杂的景观显现了出来，包括低矮的山丘、小小的湖泊和湍急的河流。刺鱼慢慢地从海里迁移了过来。它们找到了两种差异显著的居住之地，采取了两种不同的生活方式。在湖泊里，大部分食物在开阔的水域中都能找到，于是它们变成了苗条而活跃的游泳健将；在溪流中，浅水处的河底是更适宜觅食的地方，于是它们进化得健壮而结实，以便四处搜罗食物。虽然它们暂且还没有分化为不同的物种，但二者现在都更乐意待在自己的家园，与自己的同类交配。自然选择使得这些鱼适应了它们所面临的挑战，只有那些最适宜通过生存考验的个体才有机会将它们的基因传递下去。

正如达尔文所认识到的那样，通往下一代的入学考试有两张考卷。第一张涉及的内容是要生存下来，但还有第二张关乎成功繁殖的考卷。这就引向了他所说的"性选择"。许多物种的雄性都会被迫去争夺雌性，而雌性选择最好的配偶来养育它的后代是值得的，在后代身上承载着它自身的宝贵基因。这种性方面的斗争可能会导致像孔雀尾巴这样奇怪的身体构造得以进化形成。这些具备性吸引力的性状非但远远无法帮助带有该性状的个体存活下来，反而往往成了一种不利条件。这或许正是其能发挥作用的理由，因为这样的性状表明，即便有了这般代价高昂的性标志，带有该性状的那些个体仍然拥有生存所需的能力。

## 第六章　学说的难点

在这一章中，达尔文思考的是极致完美的器官，以及他理论中其余明显的绊脚石。

哺乳动物的耳朵就是一个绝妙的例子，说明了进化能够制造出乍看之下像是工程师杰作的东西。鱼的身体上只需要简单的压力感知器就能感知到声波，因为水是极佳的导体。然而，当动物迁移到了陆地上以后，它们就需要放大声波了，因为声波在陆地上相对较为微弱。爬行动物和鸟类在外部世界和耳朵的感觉细胞之间有根杠杆——一根微小的骨头——可以发挥这样的作用；但在哺乳动物身上，这根杠杆则是由三根紧密连接的小骨头组成的，远比前者要有效得多。

哺乳动物的耳朵经历了一个权且暂用和不断完善的过程，耳朵的构造出于不同的新目的而发生了改变。最早出现的鱼没有颌骨。颌骨是后来由原先支撑鳃的骨弓发展而来的。另一个鳃弓发展成了在爬行动物及其鸟类亲戚身上发现的单一放大杠杆。随着哺乳动物祖先的出现，耳朵开始趁机从其他结构上"揩油"。首先，上下颌之间的连接枢纽位置发生了移动，在上下颌各自释放出了一根骨头，这两根变成了中耳的另外两根骨头，所以，我们的听力有部分是借助于我们的祖先用来咀嚼的部件。化石揭示了整个过程，一个接一个的生物有了越来越完整的中耳，证明了自然选择能够在一系列成功的错误基础上产生出明显很完美的复杂器官。

达尔文对基因一无所知，他关于遗传的这一章是全书中最为薄弱的一部分，但我们现在有了分子探针，表明在鱼类的感觉系统与人类的耳朵当中活跃着相同的基因——证明遗传学与进化论已经成为同一门科学的两个分支。

在一种特立尼达古比鱼身上，性与死亡之间很难达到平衡。在某些溪流中，雄鱼身上有着明亮的橙色斑点，可令雌鱼心醉神迷。在另一些溪流中潜伏着卑鄙的捕食者，它发现了它们身上的这些斑点，会吃掉长着这些斑点的鱼。在这些溪流中，雄性已经通过进化让自身的颜色变得暗淡。但如果将它们移到一条没有天敌的溪流中，在短短几代的时间里，鲜艳的斑点就会重新出现，这足以证明性的力量之强大。

## 第七章　本能

*在这一章里，达尔文面临着行为是如何进化而来的问题。*

人们一直用狗来打猎。那些在追踪、奔跑和寻找尸体方面有特殊能力的狗会被选为繁育下一代的亲本。这样的过往在现今各个品种的本能中仍然延续了下来。像边境牧羊犬这样的放牧用犬会跟踪羊群，而不会咬它们；但为了控制大型动物而繁育的狗（比如牛群中的柯基犬）却会更进一步，抓咬它们看管的对象。斗牛犬十分凶猛，可以一口咬住公牛（或婴儿）的鼻子。这样的心理特性果真能通过选择的作用进化而成吗？

20 世纪 50 年代，苏联的研究人员发现，通过以驯服为目标进行严格的选择性育种，在短短几代之内，原先不肯听话的银狐就开始摇尾巴和吠叫，并且喜欢与人类为伴。甚至就连它们的外表也变了，长出了不一样的皮毛，耳朵也耷拉下来了。经过 30 代之后，它们便彻底被驯服了。大脑的进化速度似乎与身体的其他部位同样迅速。

## 第八章　杂种性质

**在这一章里，达尔文仔细研究了是什么让物种保持分离的。**

物种保留了各自的特性，因为它们生活在不同的地方，不能彼此交配，或者即使交配了，生下的也是没有繁殖能力的后代。杂种不育性是由基因造成的，但由于大多数物种都不能杂交，因此很难找出其中牵涉了哪些基因。针对两种墨西哥鱼所做的实验表明，几乎用不着什么改变就可以让物种保持分离。

新月鱼生活在溪流中，身上布满了优美的深色斑点。在附近的其他溪流中生活着剑尾鱼，外观看起来与它大致相同，只是雄性剑尾鱼没有斑点，多了一根长长的尾巴。在自然界中，这两个物种从不杂交，但在实验室里却可以让它们这么做。生下的杂种鱼带有斑点，存活得相当不错——至少在水族箱里是这样；但如果它们转而再与自己的亲本之一杂交，下一代面临的命运就很凶险了。这些小斑点会变成致命的黑色肿瘤——而且令人毛骨悚然的是，长有这些癌瘤的雄鱼还颇受雌性新月鱼的青睐。

对 DNA 的研究表明了问题所在。细胞有分子制动器和加速器，告知细胞什么时候分裂、什么时候停止分裂、什么时候死亡。而在杂交鱼身上，这种控制被打破了。来自一个亲本物种的加速器基因拒绝响应来自另一个亲本物种的减速指令。由此造成的后果就是第二代杂种会死于癌症。

有一种很有说服力的主张，即进化——共有的血统——可以让大不相同的生物混合到一起，导致这些鱼身上出现这种问题的过度活跃的基因，与一旦出错就会导致我们人类发生皮肤癌的基因几乎是相同的。

## 第九至十章　论生物在地质上的演替

在这两章里，达尔文思考了中间品种的缺失，解释了为什么我们采集到的古生物学样本中充满了缺漏，还阐述了他的理论能够解释从化石到生命形式的演替模式。

地质记录就像只有几页纸上寥寥数行文字的世界历史。有许多地质记录都残缺不全，而且由于岩石中保存下来的软体动物很稀少，有些部分充其量也只能是支离破碎的。然而，自达尔文时代以来，世界各地发现了大量的化石，如今看来，他担忧地质记录无法对其理论构成支撑的想法似乎是过分悲观了。

达尔文只能根据岩石受到侵蚀的速度来猜测每一岩层的年代。而到了今天，通过查看化石当中的化学元素随时间分解的情况，我们就可以直接确定化石年代。最早的生命体可以追溯到30多亿年前，恐龙的消亡可以追溯到6500万年前。那个漫长时期的某些记录之完整令人印象深刻。

喜马拉雅山上到处都是化石——不是高山生物的化石，而是海洋生物的化石——因为很久以前，喜马拉雅的山峰构成了特提斯洋（Tethys Ocean）的洋底。这些化石中包括了巨鲸的祖先。所有鲸类动物最早的祖先的遗骨是在大约5000万年前的海床上发现的。这些遗骨来自一种有四条腿和一根尾巴的生物，它生活在海岸上，外观有点像海豹。但它的耳朵具有一种独一无二的结构，目前只在鲸鱼身上发现过。

下一种著名的化石出现在大约100万年后，"既会游泳又会走路的鲸鱼"

看起来像是一只 3 米长的水獭。又过了 100 万年，这种动物的鼻孔沿着口鼻部上移，而骨盆则远离了脊柱。又过了 500 万年，海洋里出现了一种肢体细小、体形修长的哺乳动物。

然后出现了巨大的分化。蓝鲸的祖先及其近亲——会将水里的微小生物过滤掉的那些——嘴里开始形成巨大的筛子，而其他那些则保留了在早期鲸鱼和今天的虎鲸身上发现的利齿。年代更为晚近的沉积物揭示了海豚和鲸鱼之间的分化情况。在不懈的努力和些许运气的帮助之下，曾经基本上只有一片巨大空白的记录倒为有史以来体形最大的动物提供了完整的进化史。

这也给予了鲸鱼在哺乳动物家族中应有的地位——直到不久以前，这一点还相当模糊不清。

它们最早的祖先与形成河马的那些生物很接近。尽管鲸鱼看似独特，但它们其实却是一个更大群体当中的一员，该群体还包括了河马、猪、长颈鹿和牛。DNA 分析也支持这些岩石记录。在不到半个世纪的时间里，鲸鱼的完整历史便昭示世人了。

## 第十一至十二章　地理分布

在这两章里，达尔文论证了地理屏障和气候变化对解释我们今天所看到的生命分布情况的重要性。

企鹅是一种迷人的鸟，有 17 ~ 20 个种类——具体数字取决于采用哪种分类方式。它们有各种各样的形态，我们既有在南极发现的高大帝企鹅，也有体重仅相当于其二十分之一的澳大利亚神仙企鹅。其他企鹅生活在新西兰、南非、南美和加拉帕戈斯群岛。企鹅不能飞（尽管 DNA 表明信天翁也在与它们最为接近的近亲之列），那它们是如何到达如此分散的各个地方的呢？

最古老的企鹅化石出现在 6500 万年前恐龙灭绝之后不久。所有现存企鹅物种的祖先都生活在新西兰南部和南极洲的玛丽伯德地（Marie Byrd Land），这两个地方当时相距不到 1500 千米。企鹅祖先已经几乎失去了翅膀。化石和 DNA 都表明，企鹅分布地域的扩张与冰层的进退相吻合。大约从 3500 万年前开始，一连串的冰河时代使南极变得不再适合居住，随着冰川的铺展，这些企鹅也向北而退。此外，冰冷的寒流还向着西方、东方和更靠近赤道的地方席卷而去。

经过 1000 万年的寒冷，世界反复在冷暖之间徘徊，这些鸟儿也随着冰原边缘的后退来到了遥远的南方。它们在身后留下了分散于全球各冷水海岸的聚居地。在那以后的岁月里，地理隔离和每个单独的企鹅群体所面临的挑战导致了我们如今所见的企鹅的多样性。

## 第十三章　生物的相互亲缘关系：形态学、胚胎学、残迹器官

在这一章中，达尔文思索了分类问题，并展示了可以用他的理论按照进化路线来将生命世界系统化。

正如过去是开启现在的钥匙，婴儿也是通向成人的钥匙。达尔文意识到，动物在发育过程中采用的形态是适应于自身进化后的生活方式的。因此，通过对比胚胎的形态，便可更容易地发现生物体之间的深层相关性。

达尔文花了 8 年时间来研究藤壶，在当时，这是一个完全不为人知的群体，不过已知其与螃蟹、昆虫和其他肢体上有关节的生物有关。成年藤壶的形态各异，既有人们熟悉的海滨藤壶，也有更为凶恶的一类——寄生在螃蟹体内、形似巨型真菌的蟹奴。然而，不管成年藤壶之间有怎样的差异，其胚胎之间却是非常相似的。它们与龙虾、螃蟹以及其他腿上有关节的海洋生物的胚胎也有相

似性,只是相似程度较低。所有这些生物转而又与昆虫胚胎表现出了亲缘关系,这一线索表明蝴蝶有亲戚生活在被海浪冲刷着的海岸上,而这个庞大的群体在初期发育过程中转而又与绦虫及其同类混到了一起——而这些生物的成体形态是完全不同的。这种随着动物的生长而消失的共有特征显示,胚胎能够揭示出后代渐变的深层模式,这些模式随着发育过程而变得隐蔽起来。

达尔文本人对生命的分类方式——将群体之中的群体作为共同世系的证据,其中不仅包括藤壶和蝴蝶,还包括鸟类和香蕉——关注的只有他用肉眼或在显微镜下能看到的东西。现在,作为进化单位的基因来拯救我们了,它们揭示了在短短几十年前我们还毫无所知的一个个完整的存在王国。

新的生命之树是从《物种起源》中出现过的那张关于共有血统的草图直接派生出来的,建立在对如今所知的横跨各种存在的数十亿个DNA序列进行比对的基础之上。人们发现,所有的动物都与蘑菇有着相对密切的亲缘关系,而单细胞生物的全新王国——古生菌无论在结构还是生活方式上都与表面相似的细菌全然不同,与之相比,鲸鱼与长颈鹿之间的亲缘性就不那么令人诧异了。古生菌甚至可能在生命早期就与细菌发生了合作,以提供有核细胞,这种细胞构成了今天所有的植物和动物。

## 第十四章　复述和结论

在这一章里,达尔文阐述了他的"长篇大论",并设法解决那个"谜中之谜":为什么会有这么多不同的物种?

在《物种起源》出版一个半世纪之后,我们可以看到,达尔文几乎全都成功说对了。如今,正如化学一样,进化论也不再"仅仅是种理论",与其余各门科学一样,它也提供了一种合乎逻辑的世界观。正如他在那本伟大著作中大胆希望的那样，不仅植物和动物的世界真相大白了，就连我们自身和我们的起源也是一样。

达尔文学说为曾经不过是一堆杂乱无章的事实做出了解释，并借此统一了生物学。现代心理学、生态学等的发祥地都可在他最为伟大的这部著作中找到。一个半世纪过去了，进化论对于我们对生命的理解极为关键，其重要性不亚于引力之于宇宙研究。《物种起源》的结语说明了一切："生命如是之观，何等恢宏壮丽，生命的若干力能最初由造物主注入寥寥几个或单个类型之中；而且，当这一行星按照固定的引力法则循环运行之时，无数最美丽与最奇异的类型即是从如此简单的开端演化而来，并依然在演化之中。"[①]

> "1859 年，查尔斯·达尔文出版了《物种起源》，这部著作对我本人的心理发育产生了重大影响，正如其对人类思想产生了普遍影响一样。它起到的效果是一举扫清了许多教条主义的障碍，激发了一种对所有古代权威的反抗精神，这些权威言之凿凿和未经证实的言论与现代科学相矛盾。"
>
> ——弗朗西斯·高尔顿（Francis Galton），英国博学者兼发明家，上文引自他的自传《我的生活回忆》（*Memories of My Life*，1908 年）。

---

[①] 引自《物种起源》苗德岁先生译本，少数文字略有改动。

## 11

# 进化的未来

　　未来之于我们对进化的理解意味着什么？在这一章中，生物学家凯文·拉兰德认为进化的概念需要重新思考。我们也征求了其他顶尖的生物学家对于未来200年间的进化所持的观点。

# 进化论的进化：超越自私的基因

150 多年来，进化论一直是科学界最为成功的理论之一，但到了 21 世纪，进化论需要重新加以思考吗？在此，生物学家凯文·拉兰德提出了进化论升级的理由。

所有的科学理论都必须包含新的思想和发现，进化论也不例外。近年来，我们对生物学的理解取得了长足的进步。遗传学、表观遗传学和发育生物学的进展促使我们重新思考基因、生物体和环境之间的关系，这对多样性的起源和进化的方向与速度都会产生影响。尤其是新的发现动摇了"自私的基因"这一比喻所概括的观点，即基因乃是驱动因素。相反，这些新发现表明，生物在自身及其后代的发展过程中都发挥着积极的建设性作用，因此它们对进化的方向施加了影响。

有些生物学家正试图把新知识硬塞进传统的进化论思维框架中去。另一些人（包括我本人在内）则认为，可能需要采取更为激进的方式来做出改变。我们并不否认基因遗传和自然选择所起的作用，但我们认为应该以一种明显不同的方式来看待进化。进化理论本身到了应当发生进化的时候了。

我们目前思考进化论的框架是直到 20 世纪 40 年代才出现的，它整合了人们对于进化过程和生物遗传的新认识。这种所谓的现代综合论是大多数人理解进化论的核心所在（参见第 3 章）。根据这种观点，生物体特性——统称为表现型——的进化可以归结为随机遗传突变、基因遗传和选择出那些能产生最适合所处环境的性状的基因变异。

现代综合论对我们很有帮助：进化生物学正处于发展和兴盛之中。但过去 20 年里的若干发现开始让一些核心观点存在的漏洞显现出来。

## 不仅通过基因

以遗传仅仅通过基因发生的观念为例。在 19 世纪的一次经典实验中，德国生物学家奥古斯特·魏斯曼（August Weismann）剪掉了几代老鼠的尾巴，这些老鼠是用被截肢的老鼠繁育出来的，结果发现老鼠尾巴的长度并没有缩短。这就引出了一种观点，即生殖细胞系（卵子和精子）的基因突变是传递给下一代的唯一变化。但最近的实验表明，情况比这要复杂。

我们现在知道，由父母传给后代的还有除基因以外的东西，包括卵子中的成分、激素、共生体（生活在体内的微生物）、表观遗传标记（与 DNA 结合并开启和关闭基因的化合物）、抗体、生态资源和习得的知识。在这些因素当中，至少有一些可以导致表现型的稳定遗传。例如，表观遗传标记在各代之间传播得极为广泛，就植物而言，它可以解释果实大小、开花时间和许多其他性状的差异。表观遗传变化往往是由细胞内部条件或外部环境的变化引起的，如温度、压力或饮食，与随机突变不同，表观遗传变化通常是适应性的。同样，许多动物还遗传到了来自父母的知识。文化遗传在数以百计的物种中都有发生，而不仅限于人类或脊椎动物，也包括像蜜蜂和蟋蟀这样的无脊椎动物，让即便并无血缘关系的个体之间也产生了相似性。

这些发现以及其他诸多发现表明，目前对基因突变的关注只抓住了适应性进化的一部分内容，即缓慢变化的那一部分。从更广泛的视角来看，还有其他方式可以产生可遗传的多样性。它也动摇了魏斯曼的理论所提倡的发展与遗传截然分离的观点。是时候放弃我们遗传到的基因便是构建身体的蓝图这种想法了，遗传信息只不过是影响个体状况的一个因素。

这还不是全部。我们现在还得知，一组特定的基因有可能产生多种表现型，这取决于生物体发育的环境。这种能力称为"发育可塑性"，曾一度被视为"噪声"或者仅仅是"微调"而不予理会，但最近的研究表明，它在进化过程中可能发挥了积极得多的作用（参见第 8 章）。生物体不仅能以特定的方式应对特定的条件，似乎还已经进化出了无论经历何种状况都能灵活应对的能力。这种适应性来源于发生在生物体内的一种达尔文式的进化。通过产生新的变异，并针对有效的变异做出选择，仿佛每一个生物体都在随其发展而进化。这就使得免疫系统、神经系统和行为系统（通过习得）等各个系统能够适应个体所面临的任何一种环境。

### 灵活的表现型

灵活的表现型在短期内让生物体得以生存，然后可能会启动进化事件——随后发生的是遗传变化。与这一观点相一致的是，有几项实验表明，暴露在新环境中的生物体会发展出与适应了同样环境的密切相关物种相似的特性。

例如，以底栖（水底摄食）或淡水（中层水域）食物喂养的海洋刺鱼就会变得与适应了在相应环境中生活的种群相似。这表明适应性可能一般是通过对环境的即时反应而产生的，自然选择偏好这样的个体，随后便通过遗传进化

图 11.1　刺鱼发育成的形态会受到环境条件的影响

巩固了有用的特征。

在昆虫、鱼类和两栖动物身上也有实验证据表明，通过环境诱导产生出的生命形式是可以进化出生殖隔离的，也就是说，经过一段时间之后，它们就无法再与其物种中的其他成员交配了——这是朝着物种形成迈出的关键一步。因此，发育可塑性在适应和物种形成中可能都发挥着重要作用。

发育的特性也动摇了关于是哪些因素影响了进化方向的传统观念。现代综合论将自然选择置于控制地位，并将其视为对适应性的唯一解释。进化生物学家倾向于认为进化并不偏好任何特定的方向，因为基因突变被视作是随机发生的。然而，这一观点受到了"发育偏好"的挑战，也就是某些特征比其他特征更加容易发育形成的实际情况。这就引出了一个有趣的可能性，即生命的多样性反映的可能不仅是适者生存，也是常客的到来。

发育偏好有助于解释进化当中一些令人着迷的趣事。以平行辐射为例，同一地点的一个物种发生多样化，分化出若干不同的形式，而在不同的地点又会独立出现相同的多样化过程。一个著名的例子便是生活在非洲马拉维湖和坦噶尼喀湖的慈鲷。尽管它们与出自同一湖泊的物种关系更为密切，但这里的许多物种与来自另一个湖泊的不同物种在体形上却表现出了惊人的相似之处。这些体形具有适应性，所以自然选择肯定一直在起作用。但我们看到的形式未必就是唯一可能出现的适应性解决方案。这表明，慈鲷有些发育特征使得某些形式出现的可能性特别高。发育偏好也有助于解释为什么慈鲷以及其他一些生物群体呈现出如此的多样化。这或许是因为它们特别擅长产生能利用生态机会的新变异。

发育的这种创造性作用与其对适应施加限制的传统作用形成了对比。限制解释了为何会缺乏进化或适应，因此人们对此兴趣有限。现在有许多进化生

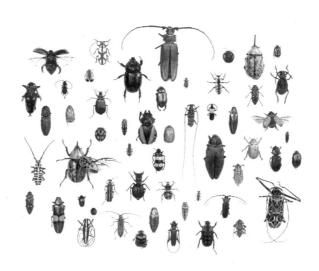

图 11.2　为什么有些生物群体的多样性远胜于其他群体呢？

物学家都在质疑，这是不是最佳的思考方式。也许，发育偏好不仅对有哪些形式可供选择加以限制，还通过产生可供选择遵循的路线来指引进化方向。

### 并非被动的观察者

生物体引领自身的进化方向，或许还有更进一步的方式。选择被描述为过程，即外部动因（如环境条件）根据可供选择的变异体的适合性在它们中间进行挑选。这过于被动了。生物体并不仅仅在经受着自然力量的不断冲击；通过对栖息地的选择和改变环境的方式，它们在决定自身的哪些特征是有用的这方面还扮演着积极的角色。所以它们创造出了某些生存条件，这又影响了它们的进化。

例如，鸟儿通过建造能减少温度波动的鸟巢，就削弱了针对鸟蛋温度生理调节需求的选择，却产生出了针对完善鸟巢设计的选择。同样，选择塑造出了这样一种哺乳动物，它挖掘地洞的目的更多的不是对抗捕食者，而是抵御真菌性疾病。这样的生态位构建不是随机发生的，而是系统性和方向性的。动物以一种前后一贯的可靠方式来操纵环境，使其适合于自身。在这样做的过程中，它令自然选择产生了偏好，给自身的进化强加了一个方向，这与动物饲养者在牲畜中选择特定性状的方式是大致相同的。

综上所述，这些发现对现代综合论中的一些基本假设形成了挑战（参见"现代对后现代"）。这种新方法赋予了生物体在自身进化过程中的核心作用，并表明新的变异往往不是从突变开始的，而是从表现型的变化开始的。这表明进化的方向并不仅仅取决于选择。

图 11.3 通过筑巢，鸟儿改变了它所面临的选择压力

**现代对后现代**

遗传学、表观遗传学和发育生物学的新发现正在挑战有关进化如何发挥作用的传统观点。这就导致一些研究人员提出，目前的理论框架——所

谓的现代综合论——应当扩展为延伸进化综合论。基本原理仍然保持不变，但二者却是基于完全不同的假设。

| 现代综合论 | 延伸进化综合论 |
|---|---|
| 引导进化的主要影响因素是自然选择。仅凭自然选择便可以解释生物体的特性为什么会与其所处的环境相适应。 | 自然选择并非唯一的决定因素。生物体的发育方式可以影响其自身进化的方向和速度及其对环境的适应程度。 |
| 基因是唯一广泛存在的遗传系统。获得性状——生物体一生中形成的非遗传特性——不会遗传，在进化中并不发挥作用。 | 遗传不仅涉及基因，还包括了表观遗传、生态遗传、行为遗传和文化遗传。获得性状可以传递给后代，并在进化过程中发挥了多种多样的作用。 |
| 遗传变异是随机的。发生的突变并不一定能提高适合度。就算突变产生的特征提高了生物体生存和发展的能力，这也纯属偶然。 | 表现型变异不是随机的。个体的发育会对当地条件做出反应，所以它们拥有的任何新特征往往都非常适合于其所处的环境。 |
| 进化一般是通过多个小步骤发生的，产生的是渐变。这是因为进化依赖于随机突变带来的渐进式变化。 | 进化可以快速进行。发育过程允许个体对环境带来的挑战或突变做出反应，其性状组合会发生协调的变化。 |
| 现代综合论的视角是以基因为中心：进化需要通过自然选择、基因突变、基因迁移和基因变异的随机损失来改变基因频率。 | 延伸进化综合论的观点是以生物体为中心的，对进化过程有着更开阔的设想。个体在发育过程中适应环境，并改变了选择压力。 |
| 微观进化过程解释了宏观进化模式。塑造个体和种群的力量也解释了物种及以上层级的重大进化性改变。 | 通过增加可进化性——产生具有适应性的多样性的能力——还有其他现象可以解释宏观进化性改变，包括发育可塑性和生态位构建。 |

　　看待这些新发现有两种方式：我们既可以尝试着将它们合并到旧有的理论框架中，也可以对这个框架加以扩展。大多数进化生物学家选择了前一种路线，他们认为可塑性和生态位构建是受基因控制的，且认为非基因遗传是罕见的、不稳定的，或者在功能上与基因等同。这种观点让基因和选择得以保留其在解释上的重要地位，付出的代价则是淡化了新的证据。另一种看法接受了现代综合论难以对新发现做出解释这一情况，并提出了一种更宽泛的替代学说——延

伸进化综合论。这样一来，我们就可以对这两类解释的预测能力、对证据做出解释的能力以及产生新的研究问题和方法的能力加以比较。

支持第二种方法的进化生物学家如今正在采取行动。2016 年，由来自 8 所大学的 50 名生物学家和哲学家组成的一个国际联盟宣布了一项新的研究计划，准备研究非基因遗传、发育可塑性和发育偏好以及生态位构建带来的进化结果（参见"做出改变的时候到了吗？"）。对于进化生物学来说，这是激动人心的时刻，因为要首次严密地探究这些想法带来的全面后果。我们的努力是否会改变传统观点还有待观察。可以肯定的是，在未来若干年里，这些进展将日益成为进化生物学家关注的焦点。

我个人认为，一种新的进化概念正在形成。事实已经证明，"自私的基因"固然是个富于启发性的有力比喻，但现有证据却表明其具有误导性。基因远不是什么占据主导性的分子，而仅仅是细胞对环境信息做出反应的众多途径之一，也仅仅是遗传的若干来源之一。生物体并不像理查德·道金斯等人所设想的那样，是些"用完即弃的生存机器"，反倒往往在自身的进化过程中起到了引导作用，让基因变化尾随其后。让自私的基因腾出位置，为协调的生物体让路吧。

---

### 做出改变的时候到了吗？

越来越多的生物学家相信，我们有必要对进化如何发挥作用的概念加以拓宽。这样的信念源于越来越多的证据表明，发育和遗传并非仅仅由基因所操控，生物体在决定其自身及后代的命运方面，同样发挥着积极的作用。这些生物学家已启动了一项宽泛的研究计划，以之证明所谓的延伸进化综合论。一个目标在于辨别延伸进化综合论与传统思考方式之间的概念差异，并对二者所做的不同预测加以测试。

举例言之，传统观点将生物新颖性的产生视为随机基因突变的结果，因而预测这些新的生命形式鲜少具有优势。与之形成对比的是，延伸进化综合论则预测，新的生命形式往往是具有适应性的，因为新的产物一般都是个体在发育过程中适应环境的结果。他们将通过对已发表结果的统计学分析来探究这种情况的发生程度，这些结果描述了生物是如何对环境条件的变化做出反应的。

另一个小组将集中研究珊瑚礁，以调查生物多样性产生的原因。传统观点认为，自然选择产生了适合于不同生态条件的生物体：环境种类越多，预计会进化出的物种就越多。延伸进化综合论则认为，生物多样性还取决于生物本身的特性——它们的可进化性。生物通过生态位构建来创造自己的栖息地，也能通过发育可塑性来适应新的环境条件。对于珊瑚礁动物群的多样性在多大程度上可以用珊瑚的可进化性来解释、在多大程度上则要用珊瑚无法控制的因素来解释，研究人员将会加以量化。

其目的是要开发出新的方法来为支持进化的过程建模。这会帮助我们了解生物体遗传到的基因与它表现出来的特性是如何关联的——基因型是如何映射到表现型的。与此同时，哲学家和生物学家将共同努力，对进化、遗传和适合度的定义进行更新。

# 进化：未来 200 年

2009 年，为了纪念查尔斯·达尔文诞生 200 周年，《新科学家》杂志请著名生物学家对进化论中尚存的最大缺漏做了概述。他们的说法如下。

## 理查德·道金斯

关于进化的事实，有哪些必然是正确的，又有哪些只是碰巧正确呢？为了让自然选择发挥作用，遗传密码必须是数字化的吗？其他种类的分子是否有可能代替蛋白质？性的进化有多么不可避免？眼睛的进化呢？智力的进化呢？语言的进化呢？意识的进化呢？生命的起源本身是大概率事件吗？因此生命在宇宙中普遍存在吗？

*理查德·道金斯是牛津大学的进化生物学家*

## 肯尼斯·米勒（Kenneth Miller）

我并不认为进化论还存在基础性的"缺漏"，事实已经证明，进化论是一套相当灵活的科学理论框架，出色地容纳了新的数据，甚至还容纳下了诸如分子遗传学这样的新科学领域。然而，在有待解决的生物学问题当中，最深奥的一个问题是生命起源本身。我们对早期地球的创造性化学反应了解甚多，但还不足以解决这个问题。

*肯尼斯·米勒是罗得岛州普罗维登斯市布朗大学（Brown University）的生物学教授*

## 弗兰斯·德瓦尔（Frans de Waal）

人类为什么会脸红？在面对尴尬的情况（羞愧）或撒谎被戳穿（内疚）时，我们是唯一会做出脸红这种反应的灵长类动物。

人们会觉得奇怪，我们为什么需要这么明显的信号来传达这些自己心知肚明的感觉呢？脸红让我们难以肆无忌惮地去操纵他人。早期人类是否受到了保持诚实的选择压力呢？它对于生存的价值何在？

弗兰斯·德瓦尔是佐治亚州亚特兰大市埃默里大学（Emory University）的查尔斯·霍华德·坎德勒灵长类行为学教授

## 安迪·诺尔（Andy Knoll）

达尔文解释了种群是如何适应其所处环境的，但是地球是一个变动中的目标，正在不断地发生变化，以对物理和生物力量做出反应。生命与环境之间的动态相互作用尚未得到充分的理解，但它们构成了地球历史的基础，并将决定我们传承给子孙怎样的世界。要解决这个问题，我们在分析环境变化会如何影响地球上的生命时，就需要引入生理学——它是生物体和环境之间的界面。

安迪·诺尔是哈佛大学费希尔自然历史教授

## 史蒂芬·平克（Steven Pinker）

选择是如何在基因组上留下印记的？尤其要问的是，它是如何作用于非蛋白质编码部分的，又留下了什么样的变异：是少数影响很小的常见基因，还是许多影响巨大的罕见基因？这对于理解我们与黑猩猩之间及我们彼此之间的差异，还有我们为什么会得遗传疾病都是很有必要的。

史蒂芬·平克是哈佛大学约翰斯通家族心理学教授

## 克里斯·威尔斯（Chris Wills）

进化论中最大的缺漏仍然是生命起源本身。我们现在已经知道，在38亿~35亿年前，很可能是在靠近火山活跃区域的地方，生命开始出现，那时大气中还没有游离氧。在实验室里，人们可以复制出这样的条件，产生氨基酸、原始的膜状结构以及DNA和RNA的某些组成部分。到了更为晚近的时候，人们发现，RNA 连同蛋白质酶一起可以对化学反应加以催化，甚至可以制造出能部分复制自身的 RNA 分子。但是，一堆这样的分子与哪怕最原始的细胞之间的差距仍然悬殊。

*克里斯·威尔斯是加州大学圣地亚哥分校的生物学教授*

## 伊尔斯·萨特玛丽

通过自然选择推动的进化可以解释复杂的思想吗？我们知道，在发育和学习的过程中，有一种形式的选择发生在我们的大脑内部——运作良好的突触连接和通路会得到巩固，而那些薄弱的突触连接和通路则会退化。但是，进化也需要重复的复制和突变来产生变异，在变异的基础上，选择才能提供具有适应性的解决方案。乍看之下，在脑组织中似乎没有任何可供复制的东西。任何对神经元复制的探寻都必须在不同的层次上进行——可能是在神经元群之间的连接模式上，也可能是在其活动模式上。这个想法并不算太过牵强。我们已经知道，通过选择推动的遗传进化正在不断塑造着我们的免疫反应。

如果达尔文式的动力能赋予我们应对新疾病的灵活性，那为什么不能同样赋予我们找到针对新问题的认知解决方案的灵活性呢？

*伊尔斯·萨特玛丽是德国慕尼黑的巴门尼德基金会（Parmenides Foundation）和匈牙利布达佩斯大学（Collegium Budapest）的理论进化生物学家*

## 斯图尔特·考夫曼（Stuart Kauffman）

达尔文以科学家所能达到的最大限度改变了我们的思想。正如动物学家恩斯特·迈尔所说，生命只有从进化的角度来讲才有意义。但是出现了若干重大的问题，比如达尔文事实上并不了解自组织。过去 40 年间所做的大量研究已经表明，自组织与自然选择一样，在生物学中发挥着作用。例如，脂类会自发形成脂质体，即肯定产生了细胞膜的双层空泡。另一个例证是基因调控网络中的自发秩序，对它的理解可能会引出再生药物和新的癌症治疗方法。

*斯图尔特·考夫曼是加拿大阿尔伯塔省卡尔加里大学的生物学教授*

## 西蒙·康威·莫里斯

"进化论最大的缺漏？简单得很，老伙计。"莫蒂默教授[①]往后靠了靠，咧嘴一笑，"进化等同于变化吗？当然，但这只是第一步而已。生命是什么？生命就是一场壮观的走钢丝表演，在水晶般静止不动和杂乱的不断变动这两片辽阔区域间，行走于极细的蛛丝之上。如果你不喜欢这个比喻的话，那不妨试着想象一副有一英里高的纸牌，顶上是一头保持着完美平衡的大象，然后是它神秘莫测的自组织。从细胞到意识——令人印象深刻，对吧？达尔文是对的，牛顿也是对的。但是后来物理学领域又出了个爱因斯坦。或许现在该轮到生物学领域也出一位爱因斯坦了。"

*西蒙·康威·莫里斯是剑桥大学地球科学系的教授*

---

① Professor Mortimer，经久不衰的漫画《布莱克和莫蒂默历险记》里的人物，英国核物理学专家。

# 结语

　　《物种起源》是人类有史以来最重要的著作之一，自出版至今已 100 多年了。在这部著作中，达尔文概述了一个至今仍让许多人感到震惊的观点。他提出了令人信服的进化证据，从他那个时代开始，这种思想就已变得势不可挡了。

　　无数的化石发现使我们得以追溯今天的生物体从早期形态演化而来的过程。DNA 测序毫无疑问地证实了所有生物都有一个共同的起源。从众所周知的与污染情况相符的桦尺蛾，到艾滋病和 H5N1 禽流感等疾病的出现，我们在周围可以看到无数正在进行中的进化实例。正如地球是圆的一样，进化论也是一项牢固确立了的科学事实。

　　对于自然选择是如何解决生存问题并造就丰富的生命多样性的，达尔文的解释相当简练巧妙，这项成果至今仍被许多人认为是出自某位具有智慧的设计师的杰作。今天，超过三分之一的美国成年人完全拒绝接受进化论。其他许多接受了进化论的人也相信，进化论并未说出事实的全貌，这必定是由一位神灵来加以引导的。

　　对于那些从未有机会深入了解生物学或一般科学的人来说，由相信超自然替代物存在的人所提出的关于进化论的主张似乎很有说服力。这个问题比以往任何时候都显得更加紧迫，因为进化论的重要性正在日益增加——它不仅是一门严谨的科学，更是一项实用的技术。病毒对抗生素的耐药性正在演变成一场全球性的危机，而进化论明显是这个问题的关键所在。随着个人定制化医疗的兴起，理解遗传学及遗传如何与环境相互作用正变得越来越重要。

这就引出了尚不属于进化论准则范畴的前沿领域，例如，表观遗传学研究的是生物体如何受基因表达方式变化的影响，而非基因本身变化的影响。人们已经证明达尔文的思想具有很强的适应性，比如可以将遗传学领域纳入其中，但如何塑造进化论以解释年代更近的种种发现仍是个有争议的问题。

在进化理论中依然存在着若干缺漏，其中最大的缺漏就是生命起源本身。虽然在了解早期地球上的化学反应方面，我们已经取得了巨大的进展，但我们仍旧不知道最初的生命形式是如何从原始化学物质组成的原始汤中产生的，又是什么推动了后来进化创造力的大爆发。

在未来的 150 年里，我们可以期待许多这样的缺漏得到填补，期待关于生命如何开始、我们如何出现的这些永恒的问题会有更为详尽的答案产生。

# 进化论思想 50 条

    本节内容是要帮助读者更加深入地探索这个主题，而非仅仅列出一般性的阅读清单。

# 进化论旅游的 6 个去处

1. 任何一位有自尊心的进化论游客都应该把加拉帕戈斯群岛列入自己的人生目标清单。这 19 个岛屿——实际上是火山顶——便是达尔文从嘲鸫、雀类和乌龟身上找到灵感的地方。

2. 要想来一趟同样充满异域风情的旅行，还可以试试东马鲁古群岛。正是在位于新几内亚西部的这一连串岛屿上，阿尔弗雷德·拉塞尔·华莱士构想出了他的进化理论，这是他在香料小岛特尔纳特发烧时想到的。

3. 唐恩小筑（Down House，位于肯特郡）是达尔文夫妇生活了 40 年的地方，如今依旧保持着当年的风貌。在那里，你可以沿着达尔文漫步的"思考之路"散步，还可以看到他的长子威廉在教室里涂画的痕迹。

4. 1828—1831 年间，达尔文曾在剑桥大学基督学院（Christ's College Cambridge）学习，你可以去参观他当年的房间，借以一窥达尔文早年的生活。这些房间在 2009 年被复原成了达尔文时代的模样，现在对公众开放。

5. 坐落在英国利奇菲尔德的伊拉斯谟斯·达尔文故居，是查尔斯的祖父伊拉斯谟斯居住过的地方。伊拉斯谟斯也是一位著名的科学家（同时也是医生和诗人），曾构想出自己的进化理论。伊拉斯谟斯于 1758 年迁入此地，他的故居现在成了一座博物馆。

6. 奥古斯丁圣托马斯修道院（位于捷克共和国布尔诺）是修道士格雷戈尔·孟德尔进行著名的植物育种实验的地方，这些实验使得他在去世后被世人誉为"遗传学之父"。今天，修道院里设有一座小型博物馆，以纪念这位著名的前修道院院长，游客也可以在孟德尔栽种植物的花园里散步。

# 5个纪念性的命名

1.华莱西亚是印度尼西亚群岛上的一片区域,那里生活着许多非同寻常的物种,如倭水牛和鹿猪。这个体现了生物多样性的地点是以阿尔弗雷德·拉塞尔·华莱士的名字命名的,他在这个地区生活了8年。

2.华莱士线也位于这一区域。这条海洋中的无形分界线延伸于加里曼丹岛和苏拉威西岛、巴厘岛和龙目岛之间。它沿着一条幽深的海沟标出了亚洲和澳大利亚动物群之间的边界。

3.达尔文奖。这些半开玩笑的奖项是为了表彰"通过自我牺牲对自然选择做出杰出贡献"的人,以纪念那些通过自身行为将自己从基因库中移除的人。但这只是以这位伟大的生物学家来命名的众多事物之一,其他还有加拉帕戈斯群岛当中的一座小岛以及达尔文蒲包花(Calceolaria darwini,又名"达尔文拖鞋花"),这是他在南美洲发现的一种令人惊奇的橙花植物。

4.命途多舛的英国火星着陆器被命名为"贝格尔2号",是以达尔文前往南美时乘坐的"贝格尔号"来命名的。

5.F检验[①]。这一广泛使用的统计学检验方法之所以如此命名,是为了纪念著名生物学家罗纳德·费希尔,他帮忙构想出了进化论的"现代综合论"。

---

① F-test,即联合假设检验,也称方差比率检验、方差齐性检验,在20世纪20年代由费希尔最早提出,最初名为"方差比率"。

# 11 件事实和逸事

1. 早在达尔文和华莱士之前,在 1831 年出版的《论军舰木材与树木栽培》(*On Naval Timber and Arboriculture*)一书中,一位名叫帕特里克·马修(Patrick Matthew)的苏格兰果农就提出了自然选择的概念。达尔文后来承认了这一点。他在 1862 年写给马修的一封信是这样开头的:"亲爱的先生,能给……首位发表自然选择理论的人写信,我深感荣幸。"

2. 查尔斯·达尔文与他的表妹爱玛·韦奇伍德(Emma Wedgewood)结了婚。尽管他们二人的婚姻很幸福,但让查尔斯感到烦恼的是,近亲结婚或许便是导致他的十个孩子当中有三个都早夭的一个因素。

3. 在爱玛接受他的求婚之前,达尔文列出了结婚的一长串好处("我的上帝啊,想想看,一辈子就像一只没有性别的蜜蜂那样,光是工作、工作,别的什么也没有,这真是无法忍受")与弊端("晚上没法读书了——长胖、变懒——焦虑和责任——用来买书的钱变少了")。

4. 达尔文把《物种起源》这部著作的原始手写稿拿来给孩子们当废纸用,孩子们在稿纸背面信手涂鸦。

5. 达尔文提出了一种名为"泛生说"的详尽遗传理论,该理论是完全错误的。

6. "适者生存"一词不是由达尔文所造,而是由哲学家赫伯特·斯宾塞(Herbert Spencer)所造。

7. 第一次见到马达加斯加大彗星兰(*Angraecum sesquipedale*)时,达尔文便注意到了它长得非比寻常的花距,这会让大多数昆虫都鞭长莫及。"天哪,什么样的昆虫才能吸到它的花蜜啊?"他写道。他还预言了一种同样非比寻常的传粉昆虫的存在,这种传粉昆虫是与这种兰花共同进化而来的。这种生物于

1903 年被世人发现，当时达尔文已经去世 20 年了。它就是巨大的刚果飞蛾，有着长达 20 厘米的口器。但直到 1992 年，人们才真正看到这种飞蛾以兰花蜜为食，这证实了达尔文 130 年前的预测。

8. 达尔文的妻子爱玛在日记里很少提及丈夫的工作，但却详细记载了一直困扰着她家人的烦恼，特别是对查尔斯糟糕的健康状况做了痛苦的思考。在 1840 年的几个月里，爱玛形容达尔文"疲惫不堪""过度疲劳、浑身发抖""无精打采"，还忍受着"严重的肠胃胀气"（当时这么说的意思就是打嗝）。

9. 阿尔弗雷德·拉塞尔·华莱士公开支持唯心论和灵媒，这在一定程度上玷污了他的科学声誉。

10. 然而，华莱士在与一个信奉"地球是平的"的人打赌时确实赢了一场。那是在 1870 年，为了赢得这场赌约，他设计了一项实验，沿着一条 10 千米长的运河来展示地球的弧度。

11. 达尔文的长女亨丽埃塔是她父亲最为知名的某些著作的关键编辑者，却一直被人们描绘成一个试图不让父亲著作中包含的不可知论得见天日的顽固信徒。然而，她于 1871 年写下的日记涉及了宗教、自由意志和永生等话题，表明她对科学和宗教有着微妙的看法。

# 3 次灾难、事故和巧合

1. 1848—1852 年，在巴西探险历程中，阿尔弗雷德·拉塞尔·华莱士收集到了种类极为繁多的标本。但在返回英国的航程中，船着火了，除了他绘制的一些草图之外，华莱士失去了一切。他发誓再也不去旅行了，但仅仅两年后，他就又去了新加坡。

2. 1884 年，修道士兼植物生物学家格雷戈尔·孟德尔去世，继任的修道院院长将孟德尔所有的文件付之一炬。

3. 达尔文显然只是在偶然间通过他叔叔约西亚听说了"贝格尔号"的这趟航程，约西亚则是因为"淡黄色排泄物"去就医时从医生那里得知这一消息的。

# 进化论思想的 5 种文学探索
# （外加不那么文学的一种）

在科幻小说的世界里，人们考察了许多不同的进化场景。

1.《忠诚的人》(*The Committed Men*，1971 年)是 M. 约翰·哈里森的第一部小说，从其中的后末世情节明显可以看出 J. G. 巴拉德的影响。不过，最让人印象深刻的是哈里森错得俏皮有趣的进化背景故事：这本书里到处都是满怀希望的后人类，毫无来由地在一眨眼间就进化了。

2. 菲利普·K. 迪克的短篇小说充满了令人惊奇之处。《金人》(*The Golden Man*，1953 年)的主人公在性方面让人无法抗拒，却基本上没什么头脑——当然了，他的后裔必定会战胜头脑聪明但面目丑陋的可怜人类：智慧并不能抵御欲望。还有，《保存机器》(*The Preserving Machine*，1953 年)中送入机器的交响乐从机器的另一端输出时变成了生物：这是一项实验的一部分，目的是要看看出自人类之手的作品暴露在达尔文式的选择下时会发生什么。(提示：什么好事也没有)

3. 厄休拉·勒古恩(Ursula Le Guin)的《黑暗的左手》(*The Left Hand of Darkness*，1969 年)是目前关于变性运动的《圣经》，书中想象了一个人们都是"双性恋"的世界，人们没有固定的性别身份。这是对特殊环境的一种改变了遗传性状的适应，说明勒古恩理解了进化理论中另一种基本上为世人所忽视的理论——生活于极端条件下的群落之间甚至不同物种之间可以进行合作。

4. 进化不是发生在个体身上，而是发生在系统之上的，而这些系统不一定是有机系统。要想对机器进化获得条理清晰、令人信服且(即便过了 70 多年以后依旧如此)准确得惊人的了解，只需读一读博学的波兰人斯坦尼斯拉夫·莱姆（Stanislaw Lem）的作品就行了。他的《机器人世界》(*Cyberiad*，1965 年）中的机器思维远胜于我们人类自身的思维，但它们却跟任何一根浮木一样，都是由境遇和偶然性塑造而成的。等着出现最严重的智力混乱吧。

5. 最后还有 H. G. 威尔斯的《时间机器》(*The Time Machine*，1895 年）。历史评论家喜欢指出，这本书是关于工业化的残酷和不公的。他们完全说错了。这是有史以来对于人类进化最有力、最实事求是也最悲观的猜想。进化不会通向卓越；事实上，它根本不会通向任何地方。特别要注意本书的结尾部分，在 H. G. 威尔斯笔下的伦敦，最后一批人类巧妙地适应了即将被太阳吞噬的地球上的生活。他们进化成了螃蟹。

再从科幻小说这一体裁转向纯虚构领域……

6. 2012 年的动漫电影《神奇海盗团》(*The Pirates! In an Adventure with Scientists!*，阿德曼动画公司出品）着重呈现了一位企图赢得"年度海盗奖"的海盗船长。当他在"贝格尔号"上捉住了查尔斯·达尔文时，达尔文发现，这位海盗的鹦鹉实际上是世界上活着的最后一只渡渡鸟。

# 可以在家里尝试的 6 项实验

查尔斯·达尔文花费了许多年时间在花园里和家里做实验，为他的自然选择进化理论积累证据。不妨试一试他的 6 项经典实验。

**1. 向光而生**。达尔文注意到，从地面冒出的植物嫩芽对光线很敏感，当天空中洒下阳光时，它们就会朝着太阳的方向弯曲。为了弄清这些植物是如何实现"定向"运动的，他和儿子弗朗西斯一起进行了实验。

你需要：

● 花盆

● 土壤

● 种子，达尔文用的是金丝雀虉草（Phalaris canariensis）

● 铝箔

● 一盏灯

把种子播撒到花盆里。当嫩芽长出来时，打开灯，看它们朝着灯的方向生长。重复实验，但这一次在开灯之前，先把一顶铝箔做成的"帽子"稳固地放置在嫩芽顶端。

达尔文发现，植物要对光线做出反应，嫩芽的上半部分是必不可少的：这为植物激素的发现铺平了道路。

**2. 饥饿的植物**。就在《物种起源》出版后不久，达尔文在邻近的苏塞克斯郡度假时，偶然发现了一种以昆虫为食的小植物：圆叶茅膏菜（Drosera rotundifolia），或称茅膏菜。这一发现给了他灵感，让他进行了一系列详细的实验，以发现其偏好的食物。

你需要：

●一株茅膏菜

●差不多你喜欢的任何一种食物都行

达尔文测试了茅膏菜对大量不同食物的嗜好，包括牛奶、油、蛋清、明胶、糖、头发、剪下来的脚指甲，甚至还有尿液。你可以随便挑选少量食物，看看这株植物喜欢吃什么、不喜欢吃什么。达尔文的结论是：它们在寻找氮元素。

如果你找不到茅膏菜的话，也可以用捕蝇草来试一下，看看什么会触发它"啪"的一下合拢。

**3. 早夭**。1857 年 1 月，达尔文开始了"杂草花园"实验，如果你在 1 月或 2 月开始实验的话，应该也会得到不错的结果。

你需要准备以下工具：

●1 把卷尺

●4 根短桩

●1 柄锤子

●1 个线团

●1 把铁锹

●1 卷剪成 5 厘米长的花园铁丝

用短桩和细绳围出一块草坪（长 1 米，宽 0.7 米），然后小心地除去草皮，露出土壤。每天来检查一下种子发芽的迹象，在每一棵发芽的幼苗旁边埋进一小段花园铁丝，在幼苗死亡的地方拔出铁丝（并保存好）。到了夏天，计算一下你这一小块草坪上有多少幼苗夭折。达尔文发现，他的野草幼苗有 80% 以上都早早夭折了。

**4. 一颗思想的种子**。从"贝格尔号"返回以后，达尔文仔细思索着动植物是如何到达地球上的每一处角落的。传统观点认为是上帝把它们放到那里的，但达尔文有些别样的想法。也许是种子在海洋中幸存了下来，并利用洋流……

你需要：

- 海水（多数宠物店都有盐水出售）
- 玻璃罐
- 你所挑选的种子
- 1 个筛子
- 花盆
- 堆肥

达尔文使用的是水芹、萝卜、卷心菜、生菜、胡萝卜、芹菜和洋葱的种子。在罐子上贴上标签，灌满海水，装上种子。7 天之后，把种子放进筛子里，在水龙头下冲洗，然后种在贴了标签的花盆里。达尔文还研究了种子在海水中浸泡更长时间的情况、水温对于发芽的影响，以及种子能否浮起。他的实验推翻了海水会让种子失去活性的观点。在他使用的 87 个物种中，达尔文发现，几乎有 3/4 的物种在盐水中都能耐受至少 28 天。

**5. 竞争的代价。** 在 1856 年进行的"草坪实验"中，达尔文立桩圈出了一块旧草坪，并给园丁们下达了不得触碰的严格指示。到了仲夏，这块草坪一度杂草丛生，与周围的草坪形成了鲜明的对比。他在《物种起源》中写道："在一小块草坪上（长乘宽为 3 英尺乘 4 英尺）生长的 20 个物种中，有 9 个物种因为其他得以自由生长的物种的存在而灭绝了。"

你需要准备以下工具：

- 1 把卷尺
- 4 根短桩
- 1 柄锤子

●1 个线团

用锤子将短桩钉进一片草坪，围出大约 1 米见方的一小块。将线绕在短桩上，好让别人足够清晰地看见这一小块土地。跪下来，数一数这一小块地上生长着多少种不同的植物。等到这块地彻底被野草覆盖时再数一遍。在竞争激烈的情况下，更顽强的物种会比其他物种表现得更好。

**6. 蚂蚁的攻击。**1858 年，因为身患众多疾病当中的某一种，达尔文在一处温泉浴场接受治疗，在此期间，他做了一系列关于蚂蚁交流的实验。

你需要：

●用来运送蚂蚁的空果酱罐子或其他合适的容器

●来自两处不同蚁穴的蚂蚁

如果是一年中合适的时间（暮春和初夏），你应该很容易就能找到蚂蚁。最终你很可能没办法拿达尔文偶然发现的那个物种（就是红蚁，Formica rufa）来做实验，但重要的是你能发现来自同一物种的两个不同群落。将甲蚁群的几只蚂蚁引进一个果酱罐里，运到乙蚁群。达尔文在做这个粗略的实验时，发现来自一处蚁穴的蚂蚁"无情地向来自另一处蚁穴的陌生蚂蚁发起了猛烈的进攻"。由此，他得出了一个正确的结论：蚂蚁能够感知到不同蚁群的不同化学信号，并对此做出反应。重复这一过程，直到你产生一种自己正在折磨蚂蚁的烦人感觉。你确实是在折磨它们。

# 3 段达尔文书信摘录

1. "目前我的整个灵魂都被虫子吸引住了！"

致威廉·特纳·西塞尔顿-戴尔（William Turner Thiselton-Dyer），1880年11月23日。当时达尔文正在撰写他此生最后出版的一部作品：《通过虫子的活动形成的蔬菜霉菌》（*The Formation of Vegetable Mould Through the Action of Worms*）。该书于次年出版，也就是在他去世前6个月，该书表明，他对研究的热情丝毫未减，简直如孩童一般赤诚。

2. "可怜的宝贝昨天晚上去世了。我向上帝祈祷，希望他并不像表面看上去那么受罪。"

致约瑟夫·胡克，1858年6月29日。两天之后，在林奈学会的那次会议上，达尔文缺席了，以一篇仓促写就的文章正式将自然选择理论昭告世人，此事人尽皆知。然而，他当时的通信内容主要是关于家庭面临的危机。猩红热袭击了他的家人，夺去了他最小的孩子——小查尔斯的生命。

3. "若有人想要获得同胞的好评，就应当像我这样行事：用书信纠缠他们。"

致约翰·詹纳·威尔（John Jenner Weir），1868年3月6日。在长达60年的书信往来中，达尔文缠着近2000人与他通了15 000多封书信，其中有许多信都为他提供了来自世界各地的植物、动物和人的详细观察资料。与他通信的人讨论了他和他们自己的想法，帮助他写出了出版的作品。今天，我们不仅能从这些信件中一窥达尔文的生活和思想，也可从中了解这些合作者的生活。若是没有这些书信，他们便往往不会为世人所知。

# 10 处可以获得更多发现之地

1. 要想获得第一手的资讯，请直接阅读达尔文出版于 1859 年的杰作《物种起源》——全名为《论依据自然选择即在生存斗争中保存优良族的方法的物种起源》（ *On the Origin of Species by Means of Natural Selection or the Preservation of Favoured Races in the Struggle for Life* ）。该书具有惊人的可读性。

2. 在华莱士的 22 部著作当中，最著名的一部当数《马来群岛自然科学考察记》（ *The Malay Archipelago* ），其副标题为《猩猩和极乐鸟的乐园，人与自然的研究之旅行纪事》（ *The Land of the Orang-Utan and the Bird of Paradise. A Narrative of Travel with Studies of Man and Nature* ）。该书出版于 1869 年，记述了他对马来西亚、新加坡、印度尼西亚和新几内亚长达 8 年的考察经过。

3.《自私的基因》出版于 1976 年，是理查德·道金斯一部颇具影响力的著作，把进化论提升到了一个新的水平。他认为，生物体的繁殖冲动是由其基因引起的，基因也使得生物偏袒其近亲，从而确保共享基因得以存续。这部作品已经被翻译成了至少 20 种语言，在全球范围内售出了数百万册，同时也引入了一个如今已为世人所熟知的文化理念：模因。

4. 斯蒂芬·杰伊·古尔德所著的《奇妙的生命》（1989 年）。进化不仅仅关乎生存适合度，也关乎幸运女神的眷顾——这是斯蒂芬·杰伊·古尔德在《奇妙的生命》中提出的有争议性的论点。他以加拿大化石宝库——伯吉斯页岩（ Burgess Shale ）为基础，论证了在哪些生物成为现代生命的祖先这一点上，偶然性发挥了一定的作用。关于其理论的争论仍在继续。

5. 詹姆斯·沃森（ James Watson ）的《双螺旋结构》（ *The Double Helix* ,1968 年 ）。这是由其发现者之一讲述的 DNA 分子的双螺旋结构的发现故事。这本书绝对没有对科学过程加以理想化，而是诚实地描述了发现经过，有时甚至诚实得令人难过。

6. 若想对遗传学获得更为现代的概括了解，可以试着读一读荣获 2016 年普利策奖的著作——悉达多·穆克吉（Siddhartha Mukherjee）的《基因传：众生之源》（*The Gene: An Intimate History*）。在介绍了遗传学的历史之后，《基因传》着重介绍了过去 30 年间在遗传医学方面的发现，还附上了来自作者本人家族的例证。

7. 达尔文所有已发表和未发表的文章都可以在 http://darwin-online.org.uk/ 这一个网站上找到，包括他在世上发表的每一篇文章和手稿的主要目录。

8. 达尔文通信项目（https://www.darwinproject.ac.uk/）致力于发现和研究查尔斯·达尔文的往来信件，并将完整的抄本连同相关笔记和文章一道发表。

9. 在 http://www.amnh.org/ourresearch/darwin-manuscripts-project 这个网站上，可以找到大量全彩色的高分辨率图像，对达尔文的手稿做了忠实转录。

10. 阿尔弗雷德·拉塞尔·华莱士的著作——包括他的标本的初次汇编——都见于 http://wallace-online.org/。

# 名词表

**适应**：指生物体或物种变得更适合于其环境的变化过程。

**氨基酸**：是蛋白质的构成部件。遗传密码拥有 20 种不同氨基酸的蓝图。

**利他主义**：在生物学语境下，利他主义系指表面上是以牺牲利他个体的利益为代价来提高其他个体生存概率的行为。例如蜜蜂，它们为了保护蜂巢而蜇刺入侵者后就会死亡。

**古生菌**：这些单细胞微生物构成了生命三大域之一。它们像细菌一样，缺少真正的细胞核和其他复杂的细胞组织。

**细菌**：这些单细胞微生物没有真正的细胞核或其他复杂的细胞组织。它们也是生命三大域之一。

**后代渐变**：性状代代相传，有时随着时间的推移会发生变化或改变。

**DNA**：脱氧核糖核酸，是大多数生物体内携带遗传指令的分子。

**DNA 甲基化**：基因与化学甲基团的结合，改变了基因的表达方式。

**表观遗传学**：描述了一系列影响基因活性的分子机制。表观遗传"开关"会在不改变 DNA 序列本身的情况下提升或抑制基因活性。

**真核生物**：这种生物体包含了带有细胞核和其他复杂内部"器官"的复杂细胞。真核生物是生命的三大域之一，包括所有的动物、植物和真菌。

**真社会性**：描述了社会性生物（如蜜蜂）由单个雌性或单一社会团体来繁殖后代，由不具备繁殖能力的个体来配合照顾幼体。

**基因**：DNA 的一部分，充当着制造蛋白质的指令。

**遗传漂变**：在这一过程中，种群中的某个特定基因发生频率变化仅仅是出于偶然，而非自然选择的结果。

**群体选择**：认为自然选择可以作用于整个生物群体，而非仅仅作用于个体的观点。

**广义适合度**：解释了利他行为是如何在群体中传播的。涉及你与近亲共享的基因，这些基因会遗传给你近亲的后代。这便是有些动物已经进化到了会帮助兄弟姐妹抚养其幼体的原因。

**亲缘选择**：这一理论建立在"广义适合度"的基础之上，认为近亲之间的合作是为了使其共享的基因得以长存。

**露卡**：所有生物最终的共同祖先。

**现代综合论**：对进化论的这种全新理解是在 20 世纪三四十年代基于众多不同领域的发现而发展起来的。它依据遗传学而构建了自然选择进化论的框架。

**多层级选择**：这一理论认为，自然选择可以同时在多个层级上进行——个体、其家族及更广泛的群体。

**自然选择**：通过这种手段，微小的变异因其是否有助于生物体存活而被自然地加以"选择"。

**原核生物**：这是一种简单的单细胞微生物，缺少像细胞核这样的内部"器官"。原核生物包括两大群体：古生菌和细菌。

**亲社会性状**：这些性状是以其他个体或整个群体为中心的，而不是以个体为中心的。

**RNA**：核糖核酸，是所有生物都有的分子。它的主要作用是充当信使，携带着来自 DNA 的用于控制蛋白质合成的指令。

**性选择：**这种特殊类型的自然选择要归因于一个性别对另一个性别的某些特殊特性的偏爱。